série inventando o futuro

Cylon Gonçalves da Silva

De Sol a Sol

energia no século XXI

oficina de textos

© Copyright 2010 Oficina de Textos

Grafia atualizada conforme o Acordo Ortográfico da Língua Portuguesa de 1990, em vigor no Brasil a partir de 2009.

Capa, projeto gráfico e diagramação MALU VALLIM
Charges (bate-papo com o autor) HTTP://NEARING-ZERO.NET
Foto capa (Sol) NASA JET PROPULSION LABORATORY
HQ e Abertura de capítulos CRISTINA CARNELÓS
Preparação de figuras MALU VALLIM
Preparação de texto RENA SIGNER
Revisão de texto GERSON SILVA
Impressão e acabamento PROL EDITORA E GRÁFICA

Dados Internacionais de Catalogação na Publicação (CIP)
(Câmara Brasileira do Livro, SP, Brasil)

Silva, Cylon Gonçalves da
De sol a sol : energia no Século XXI / Cylon Gonçalves da Silva.
São Paulo : Oficina de Textos, 2010. -- (Série inventando o futuro)

ISBN 978-85-86238-93-2

1. Energia 2. Energia - Conservação 3. Energia -Fontes alternativas
4. Proteção ambiental 5. Recursos energéticos I. Título. II. Série.

10-04280   CDD-621.042

Índices para catálogo sistemático:
1. Energia : Conservação : Tecnologia
621.042

Todos os direitos reservados à Oficina de Textos
Rua Cubatão, 959
CEP 04013-043   São Paulo-SP – Brasil
tel. (11) 3085 7933   fax (11) 3083 0849
site: www.ofitexto.com.br   e-mail: ofitexto@ofitexto.com.br

Sumário

1 O que é Energia? — 12
1ª pausa – Radiação e matéria — 28

2 A Biosfera — 35
2ª pausa – Fotossíntese — 50

3 A Tecnosfera — 61
3ª pausa – Escalando o monte Terawatt — 79

4 Eletricidade — 85
4ª pausa – Os grandes desafios — 100

5 Combustíveis — 105

6 Bate-papo com o autor — 125

Para Jennifer, finalmente!

Agradecimentos

Este livro nasceu de palestras sobre energia proferidas para estudantes e em encontros em várias universidades brasileiras. Essas palestras deram ao autor a oportunidade de estudar o assunto e de eliminar os erros e omissões mais grosseiros. Fica aqui o agradecimento a todos os que as ouviram, mesmo que dormindo profundamente.

Há mais de três décadas, os professores João Alberto Meyer e Marcus Zwanziger, do Instituto de Física da Unicamp, chamaram minha atenção para os desafios da energia. Em 2002, o Prof. Rogério Cézar de Cerqueira Leite convenceu-me a dar uma pequena colaboração a seu livro *Energia para o Brasil*, reavivando um interesse adormecido, por muito tempo, por outras obrigações profissionais. No último ano, meu trabalho para o Centro de Ciência e Tecnologia do Bioetanol (CTBE: <www.bioetanol.org.br>), em Campinas, obrigou-me, finalmente, a estudar seriamente o assunto da energia. Agradeço a todos os colaboradores do CTBE por importantes ensinamentos.

Shoshana Signer, da Oficina de Textos, tanto torceu meu braço – delicadamente, é verdade – que este livro terminou sendo escrito.

Meu filho Anders ajudou a melhorar o capítulo sobre fotossíntese. O Prof. Marcus Zwanziger fez valiosos comentários sobre a primeira versão do manuscrito. Os erros e as omissões são de minha exclusiva responsabilidade.

Jennifer, minha esposa, como sempre, ao longo de nossa vida comum de 38 anos, criou o ambiente sem o qual autor e livro não existiriam.

Um Pesadelo

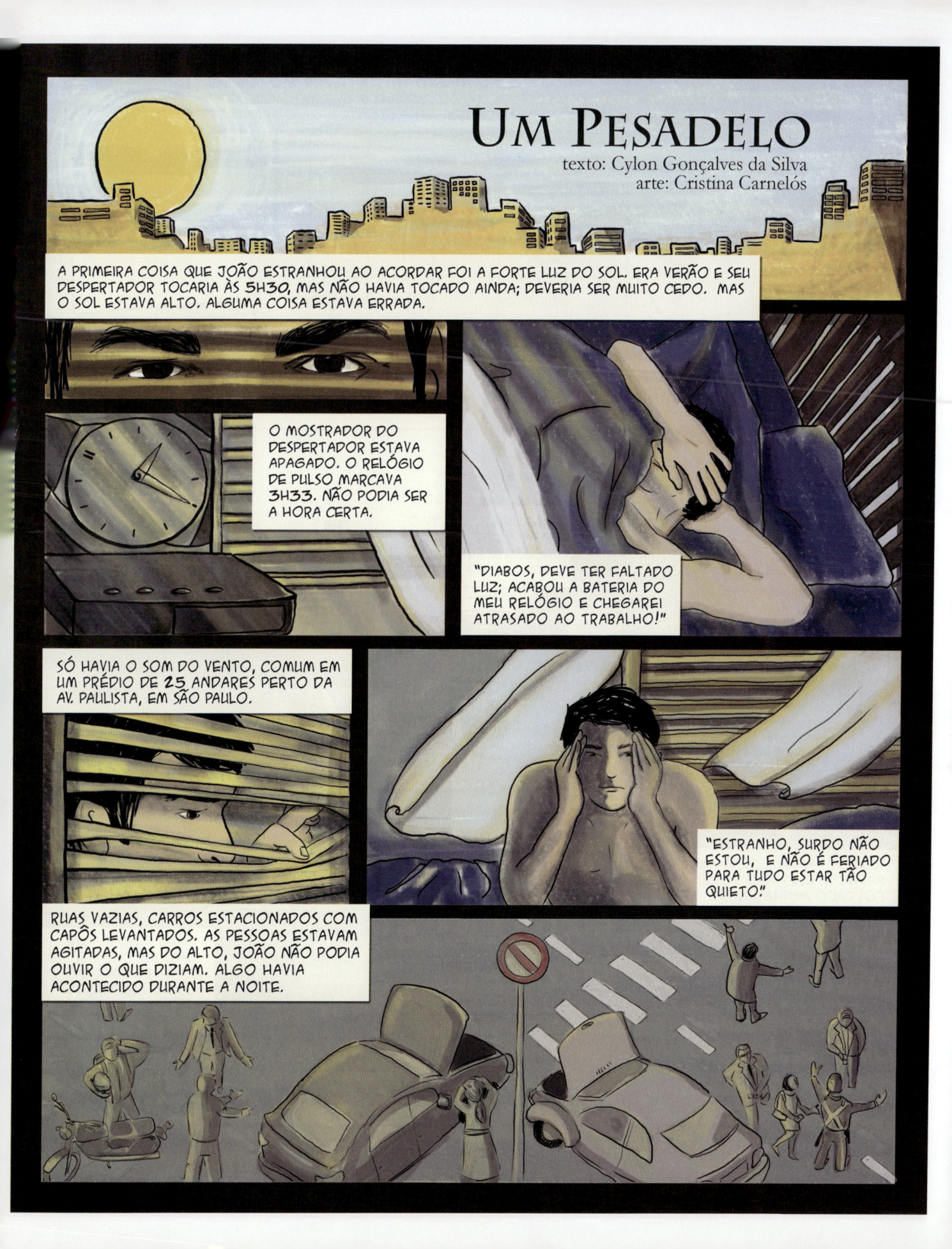

texto: Cylon Gonçalves da Silva
arte: Cristina Carnelós

A PRIMEIRA COISA QUE JOÃO ESTRANHOU AO ACORDAR FOI A FORTE LUZ DO SOL. ERA VERÃO E SEU DESPERTADOR TOCARIA ÀS 5H30, MAS NÃO HAVIA TOCADO AINDA; DEVERIA SER MUITO CEDO. MAS O SOL ESTAVA ALTO. ALGUMA COISA ESTAVA ERRADA.

O MOSTRADOR DO DESPERTADOR ESTAVA APAGADO. O RELÓGIO DE PULSO MARCAVA 3H33. NÃO PODIA SER A HORA CERTA.

"DIABOS, DEVE TER FALTADO LUZ; ACABOU A BATERIA DO MEU RELÓGIO E CHEGAREI ATRASADO AO TRABALHO!"

SÓ HAVIA O SOM DO VENTO, COMUM EM UM PRÉDIO DE 25 ANDARES PERTO DA AV. PAULISTA, EM SÃO PAULO.

"ESTRANHO, SURDO NÃO ESTOU, E NÃO É FERIADO PARA TUDO ESTAR TÃO QUIETO."

RUAS VAZIAS, CARROS ESTACIONADOS COM CAPÔS LEVANTADOS. AS PESSOAS ESTAVAM AGITADAS, MAS DO ALTO, JOÃO NÃO PODIA OUVIR O QUE DIZIAM. ALGO HAVIA ACONTECIDO DURANTE A NOITE.

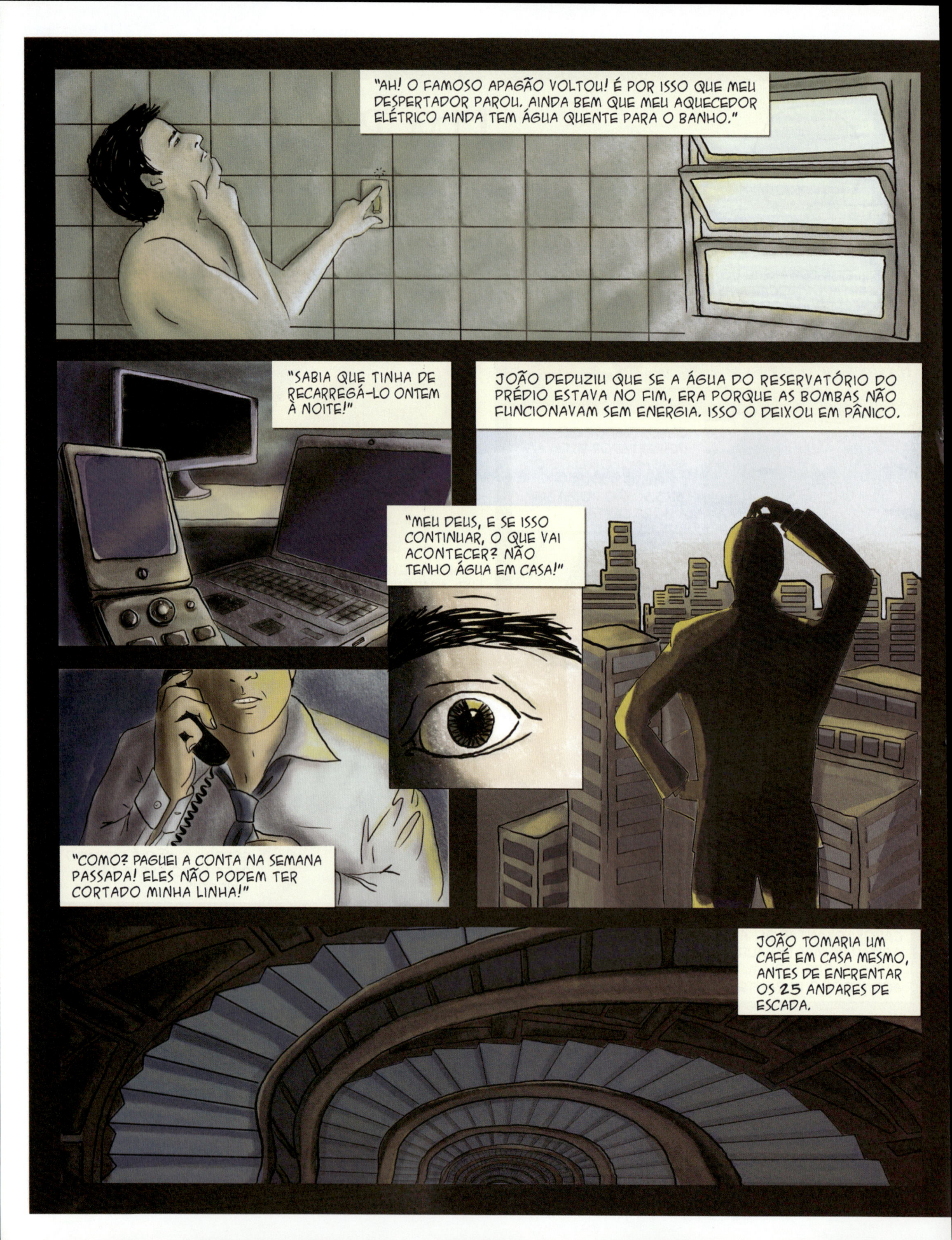

"AH! O FAMOSO APAGÃO VOLTOU! É POR ISSO QUE MEU DESPERTADOR PAROU. AINDA BEM QUE MEU AQUECEDOR ELÉTRICO AINDA TEM ÁGUA QUENTE PARA O BANHO."

"SABIA QUE TINHA DE RECARREGÁ-LO ONTEM À NOITE!"

JOÃO DEDUZIU QUE SE A ÁGUA DO RESERVATÓRIO DO PRÉDIO ESTAVA NO FIM, ERA PORQUE AS BOMBAS NÃO FUNCIONAVAM SEM ENERGIA. ISSO O DEIXOU EM PÂNICO.

"MEU DEUS, E SE ISSO CONTINUAR, O QUE VAI ACONTECER? NÃO TENHO ÁGUA EM CASA!"

"COMO? PAGUEI A CONTA NA SEMANA PASSADA! ELES NÃO PODEM TER CORTADO MINHA LINHA!"

JOÃO TOMARIA UM CAFÉ EM CASA MESMO, ANTES DE ENFRENTAR OS 25 ANDARES DE ESCADA.

LIGOU O GÁS, MAS, SEM ELETRICIDADE, TEVE DE SAIR PROCURANDO FÓSFOROS PELA CASA. POR SORTE, TERMINOU ENCONTRANDO UMA CAIXA. JOÃO DEIXARA DE FUMAR. A NAMORADA LHE DERA DUAS OPÇÕES: OU PARAVA DE FEDER A CINZEIRO OU ARRUMAVA OUTRA NAMORADA.
CHEIROU O QUEIMADOR: NÃO HAVIA GÁS! SEM ELETRICIDADE, SEM COMUNICAÇÃO, SEM GÁS, A CIDADE TODA PARADA.
O QUE ESTAVA ACONTECENDO?

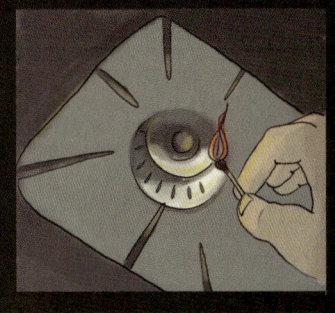

PELA PRIMEIRA VEZ NOTOU A FALTA DOS RUÍDOS DA CIDADE, COMO SE UMA PRESSÃO SAÍSSE DE SEUS OUVIDOS. COMO SE DEPOIS DE TANTO TEMPO, ELE PUDESSE RESPIRAR MAIS LIVREMENTE, NÃO PORQUE O AR ESTIVESSE MENOS POLUÍDO, MAS PORQUE ESTAVA MAIS... SILENCIOSO!

O HALL E AS ESCADAS ESTAVAM ESCUROS, SEM AS LUZES DE EMERGÊNCIA. JOÃO XINGOU O GOVERNO, A COMPANHIA DE ELETRICIDADE, O SÍNDICO, O ENCARREGADO DA MANUTENÇÃO, O MUNDO INTEIRO. NÃO ADIANTOU. HAVIA VOZES ASSUSTADAS E NERVOSAS. AO MENOS PODERIA REPARTIR A LUZ COM OUTRAS PESSOAS E ECONOMIZAR ALGUNS FÓSFOROS. ELE NÃO ERA O ÚNICO NAQUELA SITUAÇÃO.

TODO O RESTO DA CIDADE COMEÇOU A DESCER EM DIREÇÃO A UM MUNDO SEM ENERGIA, SEM MÁQUINAS, SEM CELULARES E COMPUTADORES, SEM TRANSPORTES, SEM HOSPITAIS, SEM SUPERMERCADOS, SEM GELADEIRAS E FOGÕES, SEM COMIDA, SEM ÁGUA...

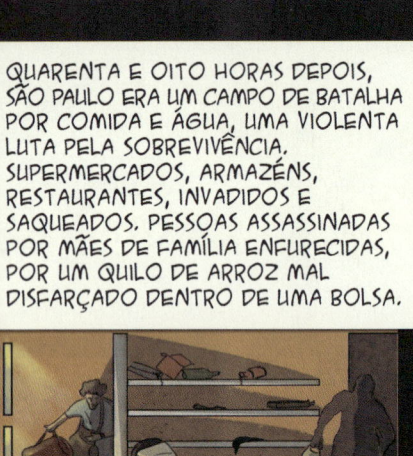

QUARENTA E OITO HORAS DEPOIS, SÃO PAULO ERA UM CAMPO DE BATALHA POR COMIDA E ÁGUA, UMA VIOLENTA LUTA PELA SOBREVIVÊNCIA. SUPERMERCADOS, ARMAZÉNS, RESTAURANTES, INVADIDOS E SAQUEADOS. PESSOAS ASSASSINADAS POR MÃES DE FAMÍLIA ENFURECIDAS, POR UM QUILO DE ARROZ MAL DISFARÇADO DENTRO DE UMA BOLSA.

NINGUÉM SABIA SE AQUILO ESTAVA ACONTECENDO APENAS EM SÃO PAULO, SÓ NO BRASIL, OU NO MUNDO INTEIRO. NÃO HAVIA NOTÍCIAS. HAVIA BOATOS E CORRERIA. EM MENOS DE UMA SEMANA, FAMÍLIAS INTEIRAS COMEÇARAM A DEIXAR A CIDADE EM BUSCA DOS PARENTES QUE VIVIAM NO INTERIOR OU NO LITORAL.

OS MORTOS ERAM MAIS DE CEM MIL NOS PRIMEIROS DIAS, NOS HOSPITAIS SEM ENERGIA, NOS CONFRONTOS DE RUA, NOS SAQUES E NOS ASSALTOS. A POLÍCIA NÃO PODIA SE LOCOMOVER. REVÓLVERES E RIFLES NÃO FUNCIONAVAM MAIS. A PÓLVORA NÃO ESTOURAVA.

SEM A ENERGIA, HAVIA SE ACABADO A CIVILIZAÇÃO, POR MAIS PRECÁRIA E SUPERFICIAL QUE ELA TIVESSE SIDO. RICOS E POBRES, EDUCADOS E ANALFABETOS, SAUDÁVEIS E DOENTES ESTAVAM IGUALADOS NA FALTA DE ENERGIA, NA FOME, NA SEDE, NO FRIO.

TUDO ERA QUEIMADO PARA COZINHAR A POUCA COMIDA QUE AINDA RESTAVA. JOÃO NÃO TEVE MAIS DÚVIDAS. EM UM MÊS, SÃO PAULO SERIA UMA CIDADE FANTASMA, APODRECIDA, VAZIA, MORTA. HAVIA ACABADO A ENERGIA, HAVIA ACABADO A CIVILIZAÇÃO COMO ELE A CONHECIA.

FIM

Essa fábula, como nós a escrevemos, não pode acontecer bem assim. Nem toda a energia vai acabar da noite para o dia. Porém, é possível uma catástrofe natural que leve ao colapso mais ou menos prolongado do abastecimento de energia elétrica de uma região ou de um país inteiro. Sem energia elétrica, as comunicações serão fortemente atingidas. As fábricas deixarão de funcionar. O tratamento e bombeamento de água será suspenso. Os alicerces que sustentam nosso modo de vida serão abalados. Do mesmo modo, o risco de o abastecimento de combustíveis ser subitamente interrompido é pequeno, mas existe. Uma guerra descontrolada no Oriente Médio pode abalar profundamente o mundo que conhecemos. Sem combustíveis e sem transportes, o abastecimento de alimentos das grandes cidades será atingido de forma catastrófica. A falta de segurança das nossas cidades tornar-se-á ainda mais assustadora. A mobilidade que tomamos por nosso direito fundamental será drasticamente reduzida. E, no entanto, pensamos muito pouco nesses problemas; pensamos muito pouco na questão da energia no mundo moderno. Energia é, como alguém já disse do trabalho da dona de casa, algo que você só nota que existe quando falta.

No início da humanidade, e até meados do século XVIII, a demanda por energia era baixa e suprida pela força humana ou animal, pelo vento, pela água ou pela biomassa (formas de energia solar). Desde então até hoje, a humanidade vive a festa dos combustíveis fósseis. Nunca a energia foi tão abundante e tão barata. Mas essa festa vai acabar nas próximas décadas. E depois? Depois... vamos precisar voltar ao Sol.

UM PEQUENO TESTE

Responda, sem pensar muito, às perguntas abaixo e retorne a elas ao final do livro para ver quantas você acertou.

1) O que contém mais energia?
(a) uma barra de 100 g de chocolate ao leite
(b) 100 g de dinamite

2) Comparando duas usinas elétricas de 1 GW de capacidade nominal de geração, operando rotineiramente, qual produz mais eletricidade em um ano?
(a) uma usina fotovoltaica
(b) uma usina nuclear

3) Etanol (C_2H_6O – peso molecular 46) e propano (C_3H_8 – peso molecular 44) são combustíveis. Qual deles contém mais energia por mol?
(a) etanol
(b) propano

Qual deles emite mais CO_2 por unidade de energia gerada quando queimado?
(a) etanol
(b) propano

4) A relação entre consumo de energia anual por seres humanos e máquinas está mais próxima de:
(a) 1 (humanos): 1 (máquinas)
(b) 1 (humanos): 20 (máquinas)

5) A oferta de energia no mundo, em 2007, esteve mais próxima de:
(a) 70 GJ por habitante
(b) 180 GJ por habitante

6) A contribuição da cana-de-açúcar para a oferta de energia no Brasil, em 2007, estava mais próxima de:
(a) 4%
(b) 16%?

7) Com 100 g de glucose é possível produzir um máximo de quantos gramas de etanol?
(a) 89 g
(b) 51 g

O que é Energia?

Como acontece com muitos outros conceitos científicos, temos também uma noção intuitiva de *energia*. Associamos energia à ideia de movimento, de esforço físico, de calor e até de nossos estados de ânimo. Com isso, reconhecemos que energia pode manifestar-se de muitas formas diferentes. Além disso, aprendemos muito cedo que é possível converter energia de uma forma para outra. Quando uma criança sopra um carrinho de brinquedo para fazê-lo andar ou solta um balão de São João, ela está usando, sem saber, um conhecimento sofisticado sobre transformação de energia de uma forma para outra. No primeiro caso, o esforço físico de expulsar o ar dos pulmões converte-se em um movimento organizado do ar, que se transforma em energia de movimento do carrinho. No segundo, a chama aquece o ar e diminui sua densidade dentro do balão, fazendo-o "flutuar" no ar externo, de maior densidade, da mesma forma que uma rolha flutua na água porque sua densidade é menor do que a do meio onde se encontra. O balão é uma máquina que converte calor em movimento. No sentido contrário, esfregamos as mãos para aquecê-las, transformando um esforço físico em calor.

Essas noções intuitivas se traduzem na percepção de que a energia está em todo lugar e em todos os processos que ocorrem a nossa volta. Sem energia, o mundo seria escuro, frio e parado. Pois bem, a ideia científica de energia procura transformar essas noções qualitativas em um conceito preciso e quantitativo de energia, sem, entretanto, mudar duas coisas fundamentais: (1) a energia tem muitas formas e (2) a energia pode ser convertida de uma forma para outra, como um ator de cinema, capaz de desempenhar diferentes papéis em diferentes filmes, mas sempre reconhecido como o mesmo ator. Porém, antes de termos certeza de que as diferentes formas de energia são efetivamente a mesma coisa, precisamos dar um passo a mais.

Em Ciência, não basta termos uma ideia qualitativa, intuitiva, das coisas. É preciso sermos capazes de medi-las, isto é, sabermos como associar um número e uma unidade a um conceito. A partir do momento em que temos uma noção do que consiste e sabemos medir um fenômeno, podemos dar o próximo passo, talvez o mais importante de todos: começar a imaginar maneiras de controlá-lo e aproveitá-lo em nosso benefício. Esses três estágios do desenvolvimento do conhecimento repetem-se em praticamente qualquer campo científico: primeiro, queremos ter uma ideia do que estamos falando; depois, queremos ser capazes de medir aquilo sobre o que falamos; e, finalmente, queremos controlar a natureza para extrair benefícios para a nossa vida.

O que queremos fazer neste livro é despertar sua curiosidade sobre os fenômenos da energia, sem a qual a vida seria impossível. A principal fonte de energia no nosso planeta é o Sol: diretamente, pela luz e pelo calor que proporciona; indiretamente, porque é a energia solar que alimenta a vida na Terra, dá a chuva e os ventos, e até os combustíveis fósseis são energia solar transformada em energia química. Além de despertar sua curiosidade, queremos também equipar você com o conhecimento necessário para entender por si mesmo, um pouquinho melhor, como funciona a energia no nosso mundo moderno. Este livro não vai discutir em detalhes a ciência da energia, a não ser naqueles poucos pontos essenciais para seus objetivos, mas a energia na sociedade contemporânea e no mundo deste século XXI, o mundo em que você vai viver e trabalhar, criar seus filhos e netos. O livro quer mostrar que ainda existem muitos problemas extremamente importantes a resolver, se quisermos continuar a usufruir os benefícios que a energia nos proporciona, escapando dos problemas que ela causa. Para a solução desses problemas, vamos precisar de pessoas inteligentes, motivadas e que gostem de ciência e de engenharia. É uma oportunidade de carreira profissional, mas é, também, uma oportunidade de contribuir para melhorar o Brasil e o mundo em que vivemos. Quem sabe, você será uma dessas pessoas.

1.1 Movimento, calor, luz: a energia em ação na natureza

O movimento da água de um rio (energia hidráulica), uma brisa (energia eólica), o calor de uma fogueira de São João (energia de biomassa) e a luz do Sol (energia radiante) são quatro manifestações da energia solar na natureza.

Em algumas antigas fazendas de café no Brasil, ainda se encontram rodas d'água usadas para aproveitar o movimento de uma pequena queda d'água para acionar um moinho – uma forma de aproveitar a energia *hidráulica*.

Um barco veleiro é um exemplo de aproveitamento da energia dos ventos, a energia *eólica* (Eolus era o deus dos ventos na mitologia grega). O calor do forno de pizza é usado para provocar as reações químicas que cozinham a massa e derretem o queijo – um aproveitamento da energia *térmica*. A luz do sol de janeiro, que nos bronzeia na praia (e causa câncer de pele), é uma forma de energia *radiativa*. Enfim, são muitas as formas da energia solar na natureza, as quais o ser humano aprendeu a medir e a controlar para mudar suas condições de vida.

Há outras manifestações muito importantes da energia, como as que têm a ver com o metabolismo dos seres vivos. Uma planta que cresce é um exemplo de transformação da matéria pela energia. A luz do Sol absorvida pela planta transforma a água e o gás carbônico da atmosfera (dióxido de carbono, CO_2), com alguns nutrientes adicionais na matéria vegetal, em um processo conhecido como fotossíntese. É a manifestação mais importante da energia solar no planeta Terra, pois ela é a base de praticamente tudo o que vive por aqui. Os animais não são capazes de realizar fotossíntese, mas, na base de sua cadeia alimentar estão as plantas. Portanto, a nossa existência depende da fotossíntese. (Sem esquecer que é pela fotossíntese que foi gerado o oxigênio da atmosfera.)

Recentemente, os cientistas descobriram, no fundo dos oceanos, algumas formas de vida que não dependem do processo de fotossíntese para viver, o que mostra que a pesquisa científica sempre traz surpresas. Nesse caso, em vez de obter energia da luz do Sol, os organismos a extraem de compostos químicos mais simples, provenientes de fontes térmicas do interior do planeta.

A energia não é apenas solar nem possui apenas esse caráter benigno. As forças naturais podem ser imensamente destrutivas, como aprendemos pelo noticiário da televisão quase todos os dias. Uma lista parcial de manifestações destrutivas da energia natural inclui terremotos e *tsunamis*, furacões e tornados, raios, explosões vulcânicas e colisões de meteoritos com a Terra. A mesma forma de energia pode ser benéfica ou destrutiva, dependendo de como ela se manifesta. E começamos a perceber uma coisa importante: além da energia, há um outro conceito que precisamos entender e que tem a ver com a "velocidade" da energia, ou, em linguagem mais apropriada, com **potência**.

A comparação entre uma brisa que impulsiona suavemente um veleiro e um furacão que o joga do ancoradouro terra firme adentro mostra quão fundamental é entender também a "velocidade" da energia.

> Potência é a quantidade de energia que se transforma ou é entregue, para um certo processo, por unidade de tempo. Potência é tão importante quanto energia.

1.2 A ciência da energia: entender o que é, aprender a medir, para poder controlar

Assim, energia funciona para o bem e para o mal, não apenas na natureza, mas também na vida humana. E, sem ela, nada funciona. É por isso que, nos últimos duzentos e poucos anos, a Ciência dedicou tanto tempo para entender os conceitos de energia e potência. Não foi fácil. Neste livro, vamos fazer de conta que tudo foi simples e vamos apresentar os resultados de muito trabalho, de muitos cientistas, durante muito tempo. Depois, ao entender as ideias básicas e conhecer os números importantes, se você tiver interesse, poderá pesquisar mais sobre a fascinante história da energia.

A história pode ser resumida assim: no começo existiam as energias naturais, as "forças" naturais da água, do vento e do fogo, que o ser humano dominava precariamente. A grande descoberta, que mudou a história da humanidade, foi quando a força do fogo

— Pá

— Nacele

Rotor —

Torre de sustentação

energia eólica

pôde ser convertida em força de movimento – surge a máquina a vapor nos anos 1700. A máquina a vapor, coitada, está tão distante de você quanto os dinossauros, não? Mais ou menos no mesmo patamar da memória que o Atari (confesse, você nem sabe o que é Atari – o primeiro videogame da história e sonho de consumo de dez entre cada dez adolescentes dos anos 1970 – pergunte a seu pai). Hoje, o único uso da máquina a vapor parece ser como locomotiva de atração turística de algumas marias-fumaça.

Duas coisas importantes aconteceram no século XVIII e começo do século XIX: a busca por combustível para alimentar as máquinas a vapor e pelo conhecimento sobre essas máquinas, que resultou na ciência da energia. Neste ponto, vamos falar sobre a segunda, pois o restante do livro será dedicado ao problema das fontes de energia.

A busca pelo conhecimento começou ao se tentar entender a natureza do calor e a possibilidade de transformá-lo em movimento mecânico. Depois de explorar muitas pistas falsas, os cientistas estabeleceram a verdadeira natureza do calor: ele nada mais é do que a energia de movimento dos átomos que constituem a matéria. Até chegar a esse momento, eles tiveram de definir maneiras para medir o calor e criar uma "régua" adequada para isso. Com essa régua em mãos, foi possível dar um passo muito importante: mostrar que uma dada quantidade de trabalho mecânico – medida pela queda de um peso conhecido, de uma altura predeterminada, por exemplo – resulta sempre na mesma quantidade de calor. Ou seja, foi possível passar da noção intuitiva de conversão de uma forma de energia em outra, para a demonstração científica de que uma dada quantidade de trabalho resulta sempre exatamente na mesma quantidade de calor.

energia hidráulica

Barragem de Campos Novos, Brasil

> GRAÇAS A ELA, ESTAMOS DESEMPREGADOS!

> É, TEMOS MAIS TEMPO PARA PENSAR...

Dessas medidas, aos poucos, cristalizou-se a ideia de que a energia se transforma, mas permanece sempre igual em quantidade. Surgiu assim o *princípio da conservação da energia*, um dos princípios mais importantes da ciência moderna.

O segundo passo importante foi entender a eficiência da conversão do calor em trabalho mecânico. Eficiência de conversão é fácil definir: ela mede o percentual da energia fornecida sob forma de calor que é convertido em energia sob forma de trabalho mecânico. Pensar em termos de eficiência requer, de imediato, poder medir energia sob suas várias formas, com uma régua comum, a fim de poder compará-las quantitativamente. Por isso insistimos na ideia de que, em ciência e engenharia, não basta ter uma noção intuitiva dos fenômenos, é preciso ser capaz de medi-los, para depois, então, aprender a controlá-los com melhores resultados.

Do estudo da eficiência das máquinas térmicas (aquelas que convertem calor em trabalho), descobriu-se uma lei muito importante, que pode ser expressa de várias maneiras equivalentes. Trata-se da conhecida *Segunda Lei da Termodinâmica*, ou Lei da Entropia. Uma de suas expressões afirma não ser possível converter integralmente calor em trabalho, ou, sempre que convertemos energia de uma forma para outra, sua capacidade de realizar trabalho diminui. É como se, em cada processo de transformação, a "qualidade" da energia, definida como sua capacidade de realizar trabalho útil para nós, se degradasse. Obviamente, essa definição de qualidade é um pouco antropocêntrica (ou seja, baseada no uso que fazemos da energia), mas é uma forma aceitável de olhar o problema. Essa lei é fundamental para o cientista e o engenheiro, porque ela estabelece limites absolutamente intransponíveis, independentes do processo utilizado ou da concepção da máquina para converter calor em trabalho mecânico. Uma das coisas que ela proíbe, sem apelação, é o chamado moto perpétuo, ou seja, a possibilidade de realizar trabalho sem degradar a energia.

Há outras formas de energia conhecidas há muito tempo, mas só recentemente conseguimos entender a natureza e as leis que as governam. O campo da ciência que

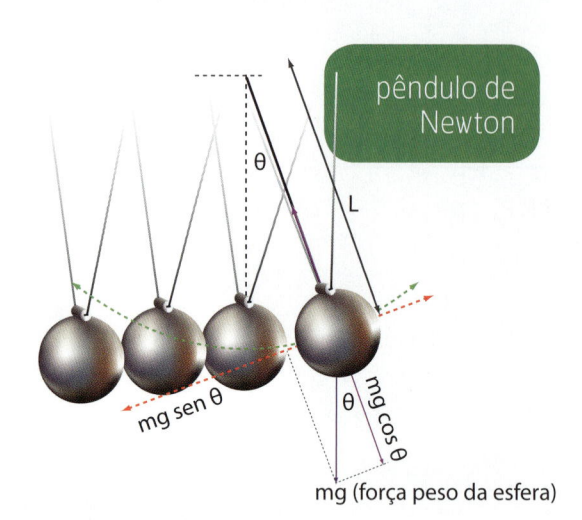

pêndulo de Newton

$mg\ sen\ \theta$
$mg\ cos\ \theta$
mg (força peso da esfera)

as descreve chama-se *eletromagnetismo*. A atração e repulsão de cargas elétricas e a existência de ímãs são conhecidas desde a Antiguidade. Sobre a luz, então, nem se fala! Mas o entendimento de que todos esses fenômenos são governados pelas mesmas leis e equações matemáticas só foi atingido no decorrer do século XIX. É uma história fascinante, porém, o que nos interessa aqui é mais simples. Enquanto as máquinas térmicas desenvolveram-se praticamente sem conhecimento científico prévio e substituíram aos poucos as forças animal e humana na realização de tarefas penosas, a aplicação prática da eletricidade e de tudo que dela decorre só aconteceu por causa do conhecimento científico. Na história da energia, a eletricidade ocupa um papel muito importante por três razões: em primeiro lugar, todo o desenvolvimento industrial que se seguiu às primeiras aplicações práticas da eletricidade nas comunicações (telégrafo), iluminação (lâmpada incandescente) e mecânica (motor elétrico) mostrou a importância do conhecimento científico. Em segundo lugar, porque não existia anteriormente nada que a eletricidade pudesse facilmente substituir: toda a infraestrutura de geração, distribuição e uso foi construída com base na possibilidade de controlar os fenômenos eletromagnéticos. (Compare com o automóvel: os primeiros compartilhavam as ruas e estradas com cavalos e carroças.) E, em terceiro lugar, porque a eletricidade permitiu o surgimento de máquinas inconcebíveis sem ela: as comunicações por ondas eletromagnéticas (rádio, TV, celular) e o computador, ou melhor, o microprocessador e as várias formas de memória eletrônica.

E, é claro, não dá para concluir um breve sumário sobre formas de energia sem mencionar a energia nuclear. Esta, entretanto, não trouxe nada de novo sob o ponto de vista da energia como um bem social e econômico, apesar de ser um exemplo da importância da pesquisa científica. Porém, ela introduziu uma nova e poderosa forma de poluição: o lixo radioativo. A energia nuclear é usada hoje como o carvão, o óleo combustível ou o gás natural: para produzir calor e convertê-lo em trabalho mecânico, isto é, acionar um gerador para produzir eletricidade.

1.3 As unidades de energia e potência

Por razões históricas, há muitas unidades de energia usadas no mundo hoje. O Sistema Internacional de Unidades reconhece o *joule*, que é uma força de 1 newton atuando sobre uma distância de 1 metro, como a unidade padrão, como você aprendeu na escola. Pela descrição do joule, dá para perceber que se trata de uma unidade apropriada para medir a realização de um trabalho mecânico. Uma outra unidade muito usada, sobretudo pelos químicos, é a *caloria*, definida como a quantidade de energia necessária para elevar a temperatura de 1 grama de água pura de 14,5ºC a 15,5ºC. Obviamente, essa unidade refere-se a medidas de energia sob a forma de calor. Essas são as duas grandes vertentes clássicas da energia: calor e trabalho. Um dos grandes avanços da ciência da energia

Um exemplo de **máquina térmica** é a geladeira. Seu princípio básico de funcionammento é a troca de calor.

evaporador
capilar
filtro
condensador
compressor

A **energia nuclear** introduziu uma nova forma de poluição: **o lixo radioativo**

OXM (óxido misto) - combustível nuclear composto por óxidos de plutônio e de urânio

URE (urânio enriquecido) - combustível nuclear no qual a concentração de ^{235}U é artificialmente aumentada em relação ao urânio natural (0,71% de ^{235}U em massa)

aconteceu quando Julius Mayer e James Joule, nos anos 1842 e 1843, mediram a equivalência entre calor e trabalho. A conversão de caloria em joule aceita hoje é:

$$1 \text{ caloria} = 4{,}186 \text{ joules}$$

Além do fator numérico, que é o resultado de uma medida, o aspecto importante dessa equação é a realidade física que ela traduz: a possibilidade de interconversão de calor e trabalho. Isto é, calor e trabalho são formas distintas de uma mesma quantidade física: energia. Por isso, as unidades usadas para medir uma ou outra forma têm de estar relacionadas.

As Tabs. 1.1 e 1.2 apresentam outras unidades de energia muito utilizadas, bem como os prefixos do sistema métrico para denotar múltiplos de mil da unidade fundamental.

A unidade de potência do sistema métrico internacional é o *watt*, definido como um joule por segundo. Há também outras unidades práticas de potência, como o HP dos motores. A relação entre o HP e o W é:

$$1 \text{ hp} = 745 \text{ W}$$

É importante lembrar a diferença entre energia (quantidade) e potência (fluxo, velocidade). A energia contida em uma barra de chocolate é 2,8 vezes maior do que a energia contida na mesma massa de dinamite! Conclusão: coma dinamite; ela engorda menos do que o chocolate. A diferença é que a energia da barra de chocolate é liberada lentamente e a da dinamite, muito rapidamente. No primeiro caso, a potência é baixa; no segundo, a potência é elevada. Confundir energia e potência é mais do que um caso sério de mau gosto – preferir comer dinamite a chocolate –, é um caso de vida ou morte.

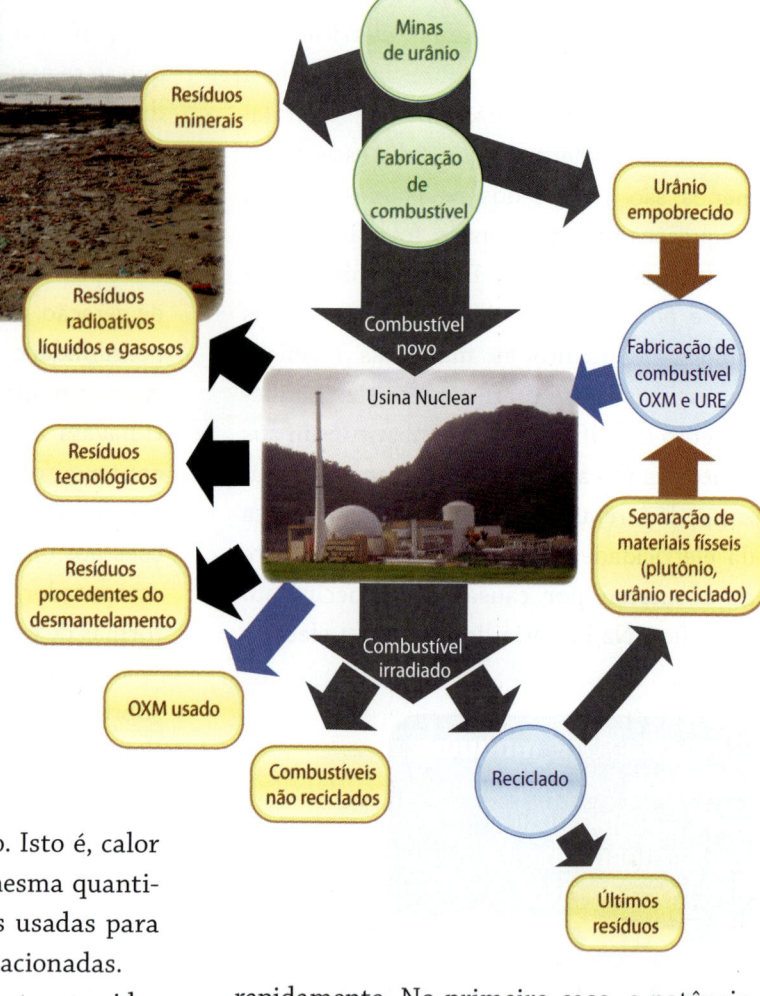

Há mais diferenças entre energia e potência nos sistemas para armazenar energia. Energia armazenada recebe o nome técnico de energia potencial (cuidado: não confundir energia potencial com potência). A energia potencial, como a própria energia, reveste-se de muitas formas. Uma pilha armazena energia potencial eletroquímica. O reservatório de Itaipu armazena energia potencial gravitacional sob forma de água mantida em uma posição mais elevada do que a do canal de descarga das turbinas da

Tab. 1.1	Unidades comuns de energia
Unidade	Valor em joules
1 caloria	4,186
1 BTU	1.055
1 tonelada equivalente de petróleo (TEP)	$41,9 \times 10^9$
1 watt-hora (Wh)	$3,6 \times 10^3$

Tab. 1.2	Prefixos do sistema métrico	
Prefixo	Abreviação	Potência de 10
Yotta	Y	10^{24}
Zeta	Z	10^{21}
Exa	E	10^{18}
Peta	P	10^{15}
Tera	T	10^{12}
Giga	G	10^9
Mega	M	10^6
Quilo	K	10^3
Unidade		10^0
Mili	m	10^{-3}
Micro	m	10^{-6}
Nano	n	10^{-9}
Pico	p	10^{-12}
Femto	f	10^{-15}
Atto	a	10^{-18}
Zepto	z	10^{-21}
Yocto	y	10^{-24}

usina hidrelétrica. O tanque de combustível de um carro armazena energia química. Entretanto, algumas formas de energia não podem ser armazenadas, como a energia da luz, por exemplo, que pode ser transmitida de um ponto a outro, mas não pode ser armazenada da mesma forma que uma pilha armazena energia eletroquímica.

Um capacitor armazena energia ao manter cargas elétricas positivas e negativas espacialmente separadas, mas não pode armazenar grandes quantidades de energia. Entre as cargas separadas existe um campo elétrico. Quanto maior a quantidade de cargas separadas e quanto menor a distância entre elas, maior o campo elétrico e maior a energia armazenada. Os materiais que conhecemos não toleram campos elétricos muito intensos em seu interior. Esses campos acabam por provocar descargas elétricas destrutivas dentro do material. É a razão limitante para a capacidade de armazenamento de energia por um capacitor. Por outro lado, um capacitor pode ser descarregado muito rapidamente e entregar uma alta potência para o circuito externo. Um raio é um exemplo de descarga poderosa de um capacitor, formado entre as nuvens e o solo. Uma bateria, que usa reações químicas para armazenar energia, pode armazenar quantidades muito maiores, para o mesmo peso de material que o capacitor. Entretanto, para ela descarregar, é necessário proceder a reações químicas relativamente lentas em seu interior. O resultado é uma bateria que só pode descarregar lentamente e entregar uma potência menor para o circuito externo. O carro elétrico ideal precisa de capacitores e baterias para armazenar a energia potencial a ser convertida em energia cinética. Os capacitores entram em ação quando é necessário acelerar rapidamente o veículo, como na arrancada no semáforo, por exemplo. As baterias assumem a responsabilidade de prover energia em velocidade de cruzeiro. Mais uma razão para você entender bem a diferença entre energia e potência, entre joule e watt.

1.4 Energia e sociedade

Como vimos na trágica história do João, nossa sociedade não sobrevive muito tempo sem um influxo elevado e constante de energia. Em termos exatos, porém, quanta energia o mundo "consome"? Você já sabe que energia não pode ser consumida. Ela pode ser transformada de uma forma para outra e, nesse processo, perde parte de sua capacidade de realizar trabalho mecânico. Todavia, os termos "consumo" (significando "transformação") e "conservação" (significando "não desperdício") de energia fazem parte de nosso vocabulário do dia a dia.

Não há mal nenhum em usar esses termos, desde que lembremos o que verdadeiramente significam.

Antes de apresentar os números, precisamos ainda aprender o significado de mais algumas expressões comumente empregadas para apresentar as estatísticas de energia.

Fonte primária de energia é definida como o material ou fenômeno natural cujas propriedades físicas ou químicas podemos usar como fonte de energia. As três fontes primárias de energia mais comuns no mundo contemporâneo são o petróleo, o carvão mineral e o gás natural, e respondem por 80% da energia produzida no mundo. Outras fontes primárias são: a biomassa (por exemplo, a lenha combustível ou, no caso brasileiro, a cana-de-açúcar empregada como matéria-prima para produzir o álcool combustível do carro *flex*); o vento; uma queda d'água; um pedaço de urânio; e, naturalmente, a grande fonte primária, que é a energia do Sol. A gasolina, produto do refino do petróleo, não é uma fonte primária, mas uma fonte secundária ou um vetor (transportador) de energia. Do mesmo modo, a eletricidade não é uma fonte primária, pois, na forma como a empregamos, ela não ocorre na natureza. A eletricidade que consumimos é produzida por um gerador, alimentado pela energia de uma queda d'água, pela energia do vapor produzido pela queima de carvão ou de urânio 235, pela energia do vento coletada por um cata-vento, ou, diretamente, pela conversão da energia solar em eletricidade em uma célula fotovoltaica. O conjunto de fontes primárias define a chamada oferta de energia primária de um país ou do mundo.

A soma da energia de todas as fontes primárias de um país (ou do mundo) é sempre maior do que o total da energia consumida por todas as máquinas daquele país. Quando a energia primária é transformada em energia secundária e transportada até o ponto de consumo final, há sempre perdas decorrentes, por um lado, da Segunda Lei da Termodinâmica e, por outro, das ineficiências inerentes aos processos e equipamentos empregados. As perdas podem ser significativas: nos Estados Unidos, por exemplo, em 2005, 69% da energia usada para gerar eletricidade perderam-se nos processos de transformação e distribuição antes de chegar ao consumidor. Ou seja, de cada 100 J de energia primária usada para produzir eletricidade, apenas 31 J foram efetivamente consumidos na ponta do usuário final. Não pense que isso acontece porque os americanos são "gastões". Acontece porque eles obedecem às leis da termodinâmica. Quem sabe a gente consiga que o Congresso Nacional as revogue no Brasil! Deputado para propor isso não vai faltar. Em um automóvel, apenas cerca de 15% da energia da gasolina chega até as rodas; a maior parte é dissipada pelo atrito dentro do motor e nas engrenagens.

linhas de força de um campo elétrico gerado por um dipolo

A escalada do monte Terawatt

Energia é um negócio muito grande. A Fig. 1.1 mostra a projeção do crescimento da demanda por energia no mundo ao longo do século XXI. Essa figura é, de certo modo, o ponto central de todo este livro. Por isso, vamos dedicar a última seção deste capítulo inteiramente a ela.

No eixo horizontal, estão indicados os anos de 1990 a 2100. Portanto, cobre-se um período que já passou e o que ainda falta para chegar ao fim do século XXI. A sua vida vai ocupar uma boa parte desse eixo. No eixo vertical, indica-se a potência em terawatts (TW), ou seja, em trilhões de watts. Atenção, aqui se trata de potência, não de energia. Como a unidade de tempo é o ano, e um ano médio tem 31.557.600 segundos, você pode converter o eixo vertical de TW para joules. Por exemplo, 10 TW em um ano equivalem a cerca de 316 EJ (exajoules, ou 1018 J).

Na Fig. 1.1, você pode ver que, em 1990, o mundo produziu um pouco mais de 10 TW de potência, ou 316 EJ de energia. Em 1990, a população mundial estava estimada em 5,3 bilhões de pessoas, e a oferta de potência por habitante (os técnicos dizem *per capita*, do latim "por cabeça") no mundo foi de cerca de 1,9 kW (10 TW divididos por 5,3 bilhões de pessoas), isto é, mais ou menos a potência de um chuveiro elétrico (fraquinho). Em termos de energia, o consumo *per capita* foi de 60 GJ (gigajoules, bilhão de joules ou 10^9 joules).

Um ser humano adulto é uma "máquina" de cerca de 100 W de potência. Assim, a potência gerada para alimentar as máquinas que trabalham para ele é vinte vezes maior. Os "escravos" consomem vinte vezes mais do que os "senhores". Quem manda mesmo aqui?

Para você poder comparar, no Brasil, em 1990, a oferta de energia primária foi de 5,95 EJ, e a correspondente oferta de potência foi de 0,19 TW. Com uma população de 147 milhões de habitantes, a oferta de energia *per capita* foi de 40,5 GJ; e, correspondentemente, a oferta de potência *per capita* foi de 1,3 kW (quilowatts). Em 1990, o Brasil estava abaixo da média mundial em termos de energia (ou potência) por habitante. Uma situação que melhorou de lá para cá, mas nosso país ainda continua abaixo da média mundial.

Agora que entendemos os eixos da Fig. 1.1, podemos olhar para as três curvas: uma que sobe sem parar, uma intermediária, e outra que sobe e depois começa a descer, lá por volta de 2020/2030.

A curva superior é a estimativa de crescimento da necessidade de energia no mundo, com uma demanda crescente, a um ritmo de 1,4% ao ano, menor do que as taxas históricas de crescimento de 2% ao ano, da segunda metade do século XX. O esperado é um crescimento de 1,4% ao ano, a menos que ocorra uma catástrofe, como uma importante crise econômica, uma pandemia de gripe

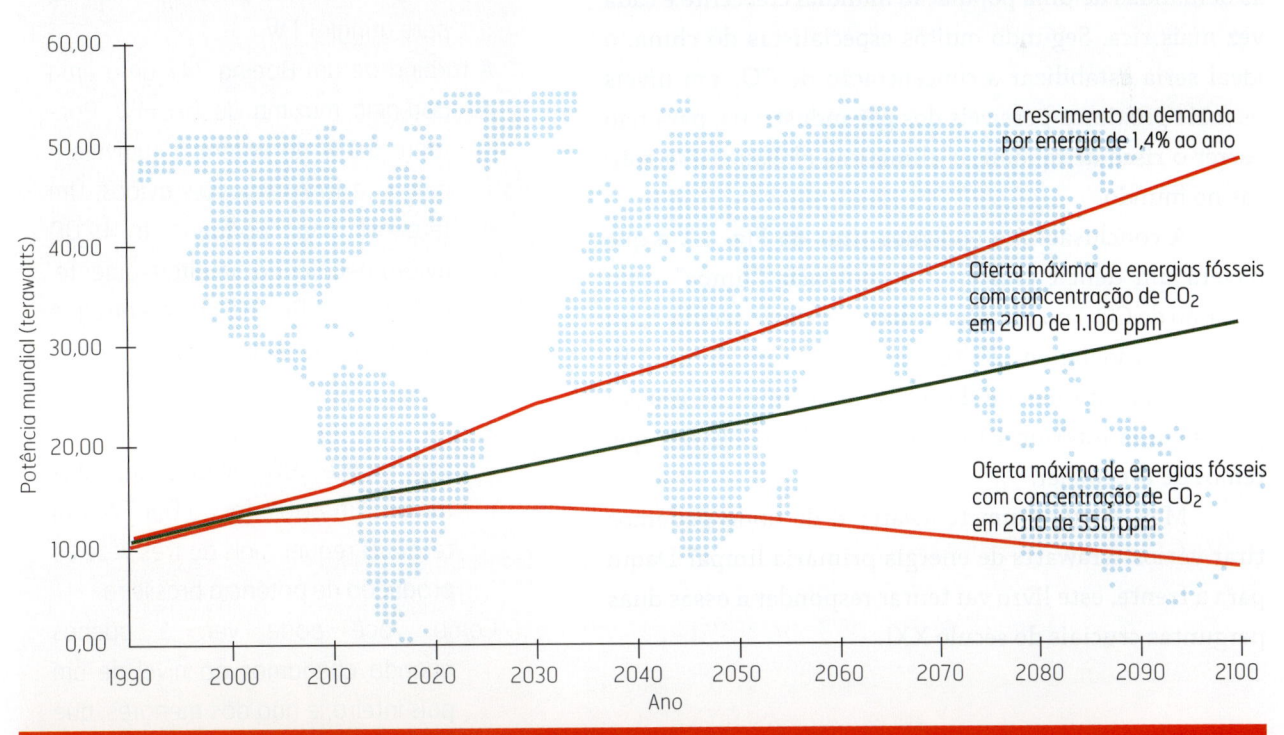

Fig. 1.1 Previsão de crescimento da demanda mundial por energia até 2100

que mate muita (mas muita mesmo) gente, uma guerra nuclear, ou um improvável meteoro que caia na Terra.

As outras duas curvas representam o pulo do gato. É nelas que temos de prestar atenção. Você, com certeza, já ouviu falar do efeito estufa e das mudanças climáticas que ele pode ocasionar. Também ouviu dizer que a concentração de CO_2 (gás carbônico) na atmosfera é uma das causas desse efeito estufa, e a queima de combustíveis fósseis – petróleo, carvão e gás natural – é a maior fonte de produção humana desse gás. (Vamos voltar a falar desse assunto mais adiante. Aqui temos apenas um "aperitivo".)

A curva do meio é quanto a produção de energia, da forma como é feita hoje (80% provenientes de combustíveis fósseis), pode crescer se quisermos estabilizar a concentração de CO_2 na atmosfera em 4 vezes o nível que ela tinha antes do século XVIII, quando as máquinas a vapor começaram a queimar carvão. A curva inferior é quanto a produção de energia, do mesmo modo que hoje, pode crescer se a concentração de CO_2 tiver de ser estabilizada em apenas 2 vezes sua concentração pré-industrial, como dizem os especialistas. A diferença entre essas curvas e a curva superior é quanto o mundo vai ter de produzir de energias que não emitam CO_2 para atender às demandas de uma população mundial crescente e cada vez mais rica. Segundo muitos especialistas do clima, o ideal seria estabilizar a concentração de CO_2 em níveis os mais próximos possíveis dos pré-industriais, para não correr o risco de mudanças climáticas globais catastróficas no mundo.

A conclusão que podemos tirar da Fig. 1.1 é que haverá um déficit crescente de potência "limpa" (sem emissão de CO_2) no mundo no decorrer deste século. Para se ter uma ideia, em 2020, esse déficit será de 4,5 TW para a curva do meio e de 6 TW (6 trilhões de watts!) para a curva inferior. Esse é o "buraco" do terawatt que temos de preencher.

Mas, o que é um terawatt? E de onde podemos tirar vários terawatts de energia primária limpa? Daqui para a frente, este livro vai tentar responder a essas duas perguntas cruciais do século XXI.

quadro 1.1 O QUE É UM TERAWATT?

Um terawatt é um trilhão de watts, número que só podemos imaginar com grande dificuldade. Nosso cérebro não evoluiu para lidar com números tão grandes. Eles sempre serão uma abstração, por mais reais que sejam. A única forma de aprender o significado de um terawatt é, talvez, comparando-o com potências com as quais estejamos mais familiarizados.

Um bom chuveiro elétrico consome 2 kW. Seriam necessários 500 milhões de chuveiros elétricos para atingir a potência de 1 TW. Porém, 500 milhões ainda é um número impossível de visualizar.

O motor de um automóvel médio pode chegar a uma potência máxima de 100 kW. Seriam necessários 10 milhões desses motores, funcionando na potência máxima, para atingir 1 TW.

A turbina de um Boeing 747 gera uma potência máxima de 60 MW. Portanto, 1 TW de potência equivale a cerca de 16.700 desses aviões. Um terawatt corresponderia a 4.200 aviões decolando simultaneamente. Até 2007, a Boeing havia entregue apenas 1.400 desses aviões. Muito longe, portanto, de um terawatt.

A potência gerada no Brasil, com seus quase 190 milhões de habitantes, em 2007, foi de 0,3 TW. Um terawatt requer mais de três vezes a produção de potência brasileira.

Como você pode ver, é apenas quando chegamos ao nível de um país inteiro, e não dos menores, que o terawatt começa a fazer sentido.

quadro 1.2 AS TRÊS GRANDES FORMAS DE TRANSPORTAR ENERGIA

As fontes primárias de energia nem sempre estão próximas dos grandes centros consumidores. O petróleo da Arábia Saudita precisa ser transportado para os Estados Unidos, a energia elétrica de Itaipu precisa chegar a São Paulo e, de suprema importância, a energia do Sol precisa chegar à Terra.

Esses três exemplos ilustram as formas mais importantes de transportar energia — combustíveis, eletricidade e radiação eletromagnética — de um lugar para outro.

Combustíveis podem ser sólidos (carvão, lenha), líquidos (petróleo ou as suas formas secundárias transformadas, de gasolina e diesel; álcool combustível) ou gasosos (gás natural, gás liquefeito de petróleo, hidrogênio). O que caracteriza os combustíveis é que eles armazenam energia sob a forma de ligações químicas. Uma forma especial de combustível são os materiais radioativos empregados em reatores nucleares, nos quais a energia é armazenada no núcleo atômico.

Eletricidade é uma corrente de elétrons que carrega energia por meio de fios metálicos. É uma das formas mais úteis de energia. A eletricidade pode ser entregue no ponto final de uso, e os equipamentos usados para sua transformação em energias úteis (motores elétricos, lâmpadas, aparelhos eletrônicos de toda espécie) são, em geral, eficientes e pouco poluentes. A reduzida poluição local, entretanto, não significa que nos pontos onde a eletricidade é produzida não haja poluição, pois a maior parte da eletricidade no mundo é produzida pela queima de combustíveis fósseis, o que a torna uma fonte de poluição em escala global. É uma pena que ainda não saibamos armazená-la em grandes quantidades, de forma barata e eficiente.

A radiação eletromagnética, sob forma de luz visível, infravermelho ou ultravioleta, é pouco usada para transmitir energia na Terra. As exceções incluem as micro-ondas (no seu forno de micro-ondas) e as comunicações por meio de fibras ópticas. Neste último caso, o que importa é muito mais o conteúdo informacional do que o conteúdo energético da luz transmitida, mas, sem a energia, não haveria informação. Por outro lado, para transmitir energia através do espaço sideral, nada bate a radiação eletromagnética, capaz de viajar por bilhões de anos sem se cansar. Se não fosse por esse meio de transmissão, a energia que recebemos do Sol e que sustenta a vida na Terra não existiria. Pode-se dizer, sem hesitação, que a forma mais fundamental de transporte de energia é a radiação eletromagnética, e também a mais rápida: 300.000 km/s. O problema é que temos poucas maneiras econômicas de "domesticá-la" como meio usual de transporte de energia na Terra.

quadro 1.3 As forças fundamentais da natureza

A Física reconhece quatro forças fundamentais na natureza: a gravitacional, a eletromagnética, a nuclear forte e a nuclear fraca. Recentemente, os cientistas começaram a desconfiar de que há uma força nova (ou mais de uma?), descrita comumente como "energia escura", que atua no Universo e influencia o movimento das galáxias. É bom lembrar que a grande revolução da Física do século XX começou com energias misteriosas, que ninguém entendia muito bem, como a radioatividade. Ainda sabemos muito pouco sobre a energia escura, razão pela qual não vamos mais falar sobre ela; porém, lembra-nos que a Ciência está viva e que grande parte dos mistérios do Universo ainda não foi solucionada. Por que você não se candidata a ser cientista?

A força gravitacional é responsável pela formação de planetas, estrelas e galáxias. Além disso, ela é muito importante para o nosso tema de energia, pois está por trás de, ao menos, duas formas de energia limpa: a hidrelétrica e a eólica. No caso da hidrelétrica, a energia potencial gravitacional armazenada na água do reservatório é transformada em energia cinética (energia de movimento) quando a água cai. Essa energia cinética aciona turbinas, que acionam os geradores elétricos. A energia eólica, isto é, a energia dos ventos, depende da existência da atmosfera, garantida pela força gravitacional. Os ventos, além da força gravitacional, dependem da radiação eletromagnética trazida pela energia do Sol.

A força eletromagnética, que engloba as forças elétricas e magnéticas de atração e repulsão, e também todos os fenômenos de radiação eletromagnética (ondas de luz, rádio etc.), dá a eletricidade. Além da eletricidade, a energia química é uma forma de energia elétrica. Os dois vetores energéticos que dominam a economia da energia – eletricidade e combustíveis – são consequência da força eletromagnética.

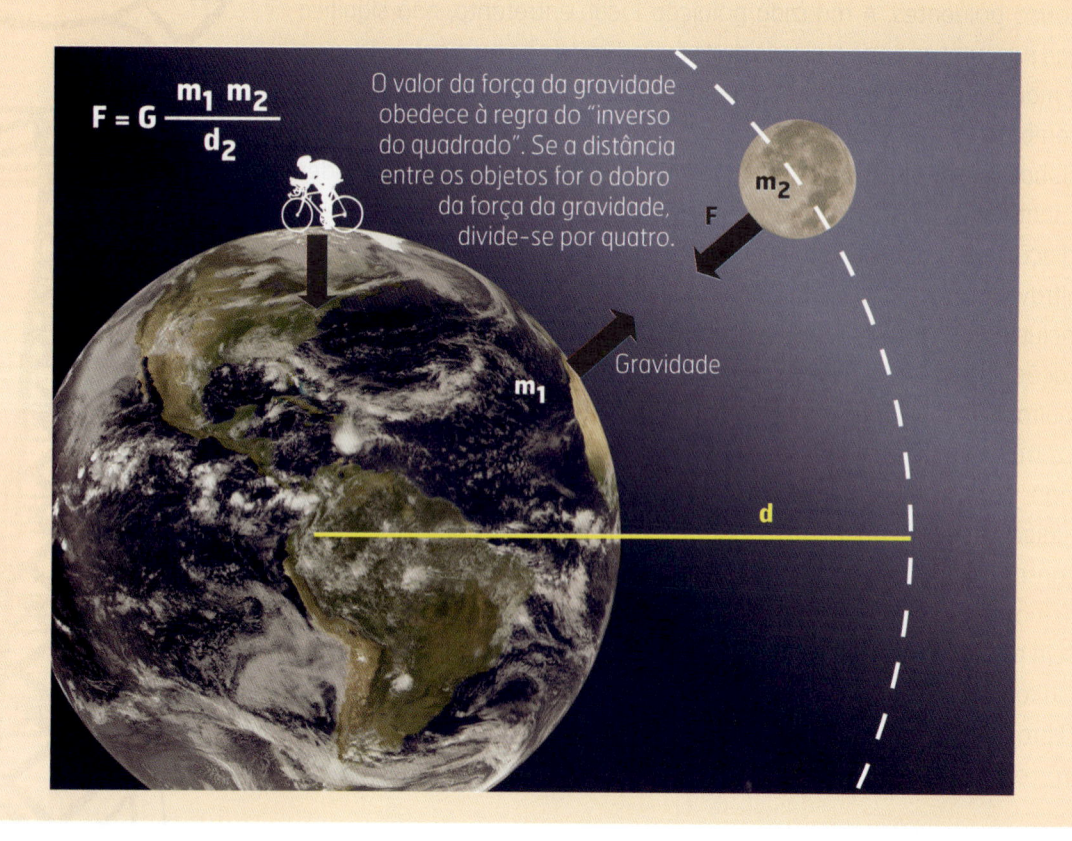

$$F = G \frac{m_1 m_2}{d^2}$$

O valor da força da gravidade obedece à regra do "inverso do quadrado". Se a distância entre os objetos for o dobro da força da gravidade, divide-se por quatro.

Finalmente, as forças nucleares são muito importantes por duas razões: primeiro, porque a energia do Sol é obtida pela fusão nuclear; segundo, porque reatores nucleares produzem cerca de 15% da eletricidade do mundo.

A fusão nuclear (fundir = juntar) que ocorre no interior do Sol pode ser resumida como a produção de um núcleo de hélio a partir de dois núcleos de hidrogênio e dois nêutrons. Quando isso acontece, a força nuclear forte entra em ação para grudar as quatro partículas, apesar da forte repulsão eletrostática dos dois prótons muito próximos um do outro (dois núcleos de hidrogênio). Isso faz com que a energia total das quatro partículas ligadas entre si seja inferior à energia total das quatro partículas livres. A diferença é liberada sob a forma de energia térmica e luminosa.

No interior dos reatores nucleares, o processo que ocorre é de fissão (fissionar = quebrar), no qual um núcleo de urânio 235 é quebrado em dois núcleos de elementos mais leves e mais fortemente ligados do que o núcleo original. Novamente, a diferença de energia é liberada sob a forma de energia cinética de nêutrons e radiação eletromagnética de alta energia (raios gama), a qual é, eventualmente, transformada em calor.

quadro 1.4 A ENERGIA QUÍMICA

A energia química é tão importante para nós que merece uma atenção especial. Como você sabe, átomos são formados por núcleos positivos e com grande massa, e por elétrons negativos e leves. A atração eletrostática (força de Coulomb) mantém os elétrons ligados aos núcleos. Quando dois átomos se aproximam, os elétrons de um são atraídos pelo núcleo do outro, e os dois átomos "se colam" um ao outro, formando uma molécula — no caso, diatômica (dois átomos). Não é possível entender o fenômeno das ligações químicas sem entender de mecânica quântica, a mecânica que governa o movimento de partículas como elétrons. Esse tema terá de ficar para outro livro. Mas podemos, com algumas ideias simples, avançar um pouco na discussão das ligações químicas e da energia que armazenam.

Os átomos mais importantes para os combustíveis são o hidrogênio (H), o carbono (C) e o oxigênio (O). O nitrogênio (N) é importante não por participar diretamente do processo de combustão, mas porque é o elemento químico que domina a composição da atmosfera e, a altas temperaturas, reage com o oxigênio. Resulta na formação de óxidos de nitrogênio, denotados por NO_x, em especial o NO_2, e formam parte dos chamados gases de efeito estufa, que alteram o balanço dos fluxos energéticos na Terra.

A Tab. 1.3 apresenta as energias e o comprimento das ligações químicas desses átomos entre si.

As unidades de energia da Tab. 1.3 são o kJ (mil joules) por mol (6.022×10^{23} moléculas) e o elétron-volt (eV) por molécula. Um eV vale $1,6022 \times 10^{-19}$ J. Um mol contém um número enorme de moléculas. Com um denominador desse tamanho é fácil ver que a energia de uma ligação química expressa em joules é muito pequena. Por essa razão, para descrever energias na escala atômica, os físicos preferem usar uma unidade igualmente pequena, o elétron-volt, que é a energia cinética adquirida por um elétron acelerado por um potencial de 1 volt.

A unidade de comprimento na Tab. 1.3 é o picômetro (10^{-12} m), equivalente a um milésimo de nanômetro, a unidade da moda.

Um dos gases combustíveis mais simples é o metano (CH_4), o gás que você vê queimando nos lixões. Ele é produzido pelo decaimento de matéria orgânica, consumida por bactérias anaeróbicas que não consomem oxigênio. Essas bactérias já foram dominantes na Terra; porém, com o surgimento de organismos capazes de transformar a energia luminosa do Sol em biomassa, pelo processo de fotossíntese, a concentração de oxigênio na atmosfera cresceu a ponto de tornar a vida dos organismos anaeróbicos muito difícil.

A completa combustão do metano é descrita pela equação:

Tab. 1.3 As energias e o comprimento das ligações químicas

Ligação	Energia (kJ/mol)	Energia (eV/molécula)	Ligação (pm)
H-H	436	4,52	74
C-H	413	4,28	109
C-C	348	3,61	154
C=C	611	6,36	133
C-O	360	3,73	109
O-H	366	3,79	96
O-O	145	1,50	148
O=O	497	5,19	121

$$CH_4 + 2\,O_2 \rightarrow CO_2 + 2\,H_2O + energia \quad (1.1)$$

Essa é uma reação que produz energia (exotérmica, na linguagem técnica), porque as ligações químicas do lado esquerdo são mais fracas do que as ligações químicas do lado direito. (Você consegue estimar esses números a partir da Tab. 1.3?) Isto é, as ligações químicas do CO_2 e da água são mais fortes do que as do metano e da molécula de oxigênio. Essa é a tendência geral da natureza: ligações mais fracas tendem a ser espontaneamente substituídas por ligações mais fortes. Em linguagem da Termodinâmica, a energia livre dos produtos da reação é menor do que a energia livre dos reagentes, e assim, a reação da esquerda para a direita é mais favorável energeticamente do que a reação inversa. A diferença de energia é liberada sob a forma de movimento das moléculas, percebida como calor na nossa escala de comprimento.

Os químicos gostam de dizer que é uma reação de oxirredução. O carbono do metano é oxidado (perde elétrons), ao passo que o oxigênio é reduzido (ganha elétrons). Essa linguagem é convencional e prática, mas é preciso lembrar que a neutralidade elétrica é sempre mantida, pois os prótons não podem ser esquecidos. Quando o carbono do metano é oxidado, ele perde também os prótons correspondentes; e quando o oxigênio é reduzido, ele ganha os prótons correspondentes. O nome do jogo é: siga os prótons (e não apenas os elétrons).

A Tab. 1.4 mostra o calor de combustão de alguns combustíveis mais comuns. Essa é a energia que o combustível libera ao queimar e pode ser transformada em trabalho mecânico. Você pode ver, por exemplo, que o calor de combustão da gasolina, por unidade de volume, é maior do que o do etanol. É por isso que o carro *flex* consome mais álcool do que gasolina. Preste atenção no fato de que o calor de combustão da gasolina C brasileira é inferior ao da gasolina pura, porque a gasolina brasileira contém cerca de 25% em volume de etanol (álcool combustível).

Quando falamos de calor de combustão, um dos produtos finais é sempre a água. O valor do calor de combustão depende do estado físico da água ao final da reação. Vamos nos referir aqui apenas ao calor de combustão inferior, que corresponde ao caso mais comum, em que o produto final da combustão é água em forma de vapor.

Na Tab. 1.4, podemos ver que o hidrogênio tem o maior calor de combustão por quilograma de todos os combustíveis listados. É esse número que o torna tão atraente como combustível.

Tab. 1.4 O calor de combustão dos combustíveis mais comuns

Combustível	Calor de combustão (MJ/kg)	Densidade (kg/m^3)	Calor de combustão (MJ/m^3)
Hidrogênio	120,1	0,09	10,8
Metano	50,0	0,72	36
Propano	45,6	1,83	83,4
Gás natural (m^3)	29,3 – 35,7	0,7 – 0,9	20,5 – 32,1
Gasolina	41,7 – 44,1	740	(30,9 – 32,6) * 10^3
Diesel	41,8 – 44,1	890	(37,2 – 39,2) * 10^3
Etanol	27,7	720	19,9 * 10^3

Nota: a densidade dos gases é dada em condições normais de temperatura e pressão. A densidade do gás natural depende de sua composição específica. A densidade volumétrica dos combustíveis líquidos é mil vezes maior do que a dos combustíveis gasosos (em condições normais de temperatura e pressão), pois sua densidade é cerca de mil vezes maior.

Só há três "pequenas" dificuldades para emplacar o hidrogênio como combustível. A primeira é que o hidrogênio é altamente explosivo. Por definição, todos os combustíveis são capazes de reagir exotermicamente com o oxigênio; portanto, têm um potencial explosivo. Assim, é preciso manuseá-los com o devido cuidado. Lembre-se de que explosão é uma questão de potência. Basta que uma reação química exotérmica ocorra muito rapidamente para haver uma explosão.

A segunda é que o hidrogênio é um gás de baixa densidade. Portanto, apesar de a chamada densidade gravimétrica (joules por unidade de massa) de energia do hidrogênio ser elevada, a sua densidade volumétrica (joules por unidade de volume) é muito baixa. Para aumentar a densidade do hidrogênio, é preciso comprimi-lo ou liquefazê-lo, e isso custa energia. Outra forma de aumentar a densidade gravimétrica do hidrogênio é absorvê-lo em metais que funcionam como esponjas, ao absorver e liberar o gás. A dificuldade é que o peso do tanque para transportar quantidades importantes de hidrogênio torna-se um fator inibidor de seu uso em veículos leves.

A terceira dificuldade é a pior de todas: o hidrogênio, na sua forma molecular, é muito escasso na Terra, apesar de ser o elemento mais abundante do Universo. A atmosfera terrestre não contém hidrogênio porque o gás é muito leve e, por isso, escapa facilmente da atração gravitacional da Terra. (Já o Sol é constituído praticamente por hidrogênio.) Na Terra, é preciso produzi-lo por processos que consomem muita energia, e o resultado é que as promessas do hidrogênio como vetor de energia ainda terão de esperar muito tempo por tecnologias mais avançadas de produção.

1ª pausa
Radiação e matéria

Um dos temas fundamentais da ciência da energia é a interação entre radiação, como a luz visível, e matéria. Esse assunto é muito mais do que um tema de curiosidade científica. A vida na Terra depende da conversão da energia que vem do Sol, sob a forma de ondas eletromagnéticas, em energia química. Isso ocorre por meio da síntese de compostos orgânicos básicos, como açúcares, realizada por plantas e algumas bactérias. Assim, apesar de este livro não tratar da ciência básica da energia, é bom ter uma compreensão elementar das interações entre radiação e matéria. Vamos aproveitar este espaço, enquanto você descansa entre dois capítulos, para discutir o assunto.

RADIAÇÃO ELETROMAGNÉTICA

Os fenômenos da eletricidade estática e do magnetismo são conhecidos desde a Antiguidade. A grande contribuição de cientistas do século XIX, como Michael Faraday, Hans Christian Oersted, André Ampère e James Maxwell, foi construir, por meio de experimentos e matemática, toda uma teoria unificada desses fenômenos e inferir a existência de outros, como ondas de rádio.

Em Física, uma teoria unificada é um conjunto de conceitos fundamentais e de equações matemáticas capazes de explicar e prever uma grande variedade de fenômenos, à primeira vista muito distintos. Um exemplo é a atração/repulsão entre dois ímãs e a luz. Quem diria, até as descobertas de Faraday, Oersted, Ampère e Maxwell, que esses dois fenômenos são explicáveis pela mesma teoria física? Como aqui não é o lugar para uma história do eletromagnetismo, nem para uma apresentação detalhada da teoria eletromagnética, vamos ver apenas alguns de seus pontos essenciais.

Faraday propôs, e Maxwell demonstrou matematicamente, que os fenômenos eletromagnéticos podem ser descritos por meio de campos elétricos e magnéticos que obedecem a algumas equações muito elegantes (o conceito matemático de "elegância" é muito diferente daquele da elegância feminina). Uma das consequências mais importantes dessas equações é que existem campos eletromagnéticos propagantes, que se manifestam por oscilações elétricas e magnéticas combinadas, que, uma vez criadas por cargas elétricas aceleradas, sustentam umas às outras, na ausência de qualquer outra excitação. Essas oscilações viajam a uma velocidade de 299.792.458 m/s, ou, em números redondos, 300.000 km/s.

Você vai se perguntar por que tantos algarismos na velocidade das oscilações. É que essa velocidade, que você já sabe ser a velocidade da luz, desempenha um papel tão importante na Física moderna que ela passou a ter esse valor por definição. Por meio dessa definição, os físicos "amarram" o tempo e o espaço, de tal forma que, conhecendo a unidade de tempo, temos a unidade de comprimento pela definição da velocidade da luz. Não é mais preciso definir separadamente uma unidade para o tempo e outra para o comprimento.

Ao amarrar tempo e espaço, a velocidade da luz conecta também duas quantidades muito importantes de ondas

Tab. 1.5 Faixas do espectro eletromagnético, com os correspondentes comprimentos de onda, frequências e energias

Região	Comprimento de onda (nm)	Frequência (Hz)	Energia (eV)
Ondas de rádio	>10^8	< 3×10^9	<10^{-5}
Micro-onda	10^8-10^5	3×10^9-3×10^{12}	10^{-3}-0,01
Infravermelho	10^5-700	3×10^{12}-$4,3 \times 10^{14}$	0,01-2
Luz visível	700-400	$4,3 \times 10^{14}$-$7,5 \times 10^{14}$	2-3
Ultravioleta	400-1	7×10^{14}-3×10^{17}	3-10^3
Raios X	1-0,01	3×10^{17}-3×10^{19}	10^3-10^5
Raios gama	<0,01	> 3×10^{19}	>10^5

eletromagnéticas: a frequência (f) e o comprimento da onda (representado pela letra grega λ, que se lê "lambda", a letra "ele" dos gregos).

A frequência é o número de oscilações da onda por segundo, e o comprimento de onda é a distância entre dois picos sucessivos de amplitude da onda. A relação simples entre uma e outra é:

$$\lambda = c/f \qquad (1.2)$$

A unidade de frequência é o hertz (Hz), equivalente a uma oscilação por segundo, e a unidade do comprimento de onda é o metro (m). Conforme a Eq. 1.2, quanto maior a frequência, menor o comprimento de onda.

Diferentes faixas de frequências das ondas eletromagnéticas correspondem a diferentes manifestações das oscilações. Uma das mais importantes para nós é a chamada faixa do visível, que é a faixa de frequências de ondas eletromagnéticas às quais os receptores da nossa retina são sensíveis: aproximadamente de 400 a 750 terahertz (THz, trilhão de hertz), ou, pela velocidade da luz, 750 nanômetros (nm ou bilionésimo de metro) a 400 nm. Essa simetria dos números é uma mera coincidência, mas economiza memória.

A Tab. 1.5 e a Fig. 1.2 mostram, respectivamente, as faixas mais conhecidas do espectro eletromagnético e sua representação.

As ondas eletromagnéticas são importantes porque permitem conversar com os amigos pelo telefone celular. Porém, elas são mais importantes ainda porque a alface que você comeu no almoço alimenta-se da energia eletromagnética que vem do Sol. Sem essas ondas transportando a energia do Sol até nós, nada de alface – o que para alguns, provavelmente, não seria de todo mau, se não fosse pelo fato de que também não haveria o bife e nem você para comê-lo.

Muito espertamente, as plantas aprenderam a capturar essas ondas eletromagnéticas e, em vez de se bron-

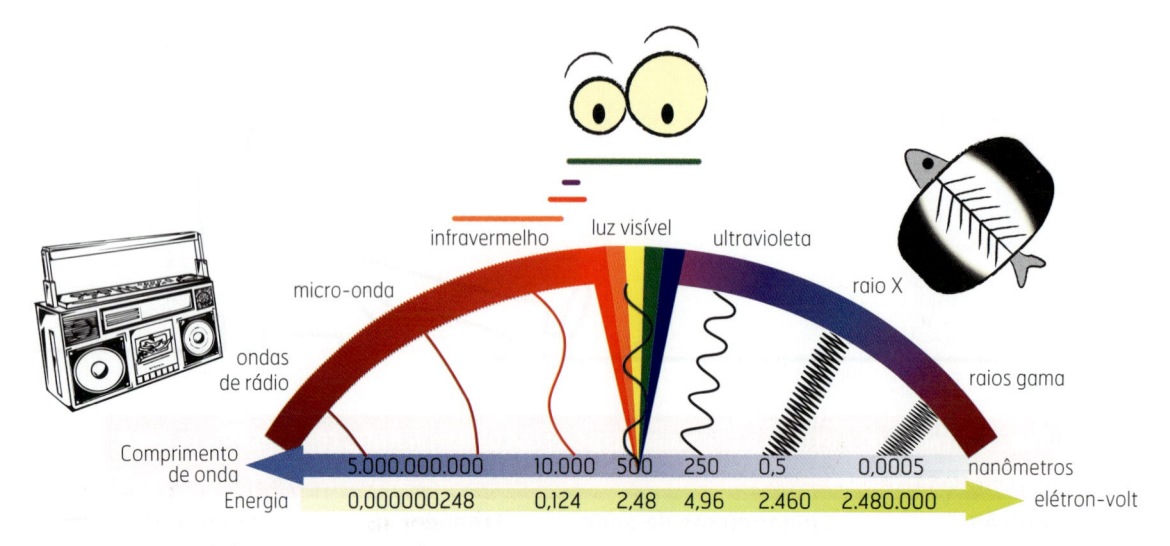

Fig. 1.2 Representação do espectro eletromagnético. A porção correspondente à luz visível compreende apenas uma pequena fração de todo esse espectro

zear, as usam para produzir e armazenar energia química sob a forma de "biomassa", pelo processo da fotossíntese (à qual dedicaremos toda uma seção). A fotossíntese faz da troca de energia entre radiação e matéria um dos fenômenos mais fundamentais para a vida na Terra e, provavelmente, em qualquer planeta onde haja vida.

MATÉRIA

A matéria com a qual estamos acostumados é formada por átomos. Os átomos são constituídos por elétrons (partículas leves de carga elétrica negativa) e núcleos (partículas de maior massa, de carga elétrica positiva). Os núcleos, por sua vez, são compostos por prótons e nêutrons, respectivamente, partículas positivas e neutras. Neste capítulo, o único papel dos núcleos, com sua carga positiva, é segurar os elétrons nos átomos e ser responsáveis pela maior parte da massa do átomo. Cada átomo, em seu estado normal, tem o mesmo número de elétrons e de prótons; portanto, eletricamente neutro. Ninguém sabe por que elétrons e prótons parecem ter exatamente a mesma carga elétrica, apenas de sinal trocado. "Parecem ter" porque nos falta uma justificativa lógica para que assim seja, e a igualdade do valor absoluto das cargas de um e de outro precisa ser demonstrada experimentalmente. Como todo experimento, esses também têm uma margem de erro, ainda que muito pequena.

A Mecânica Quântica, que descreve o movimento das partículas atômicas, ensina que os elétrons só podem existir dentro do átomo em estados bem definidos, chamados de "estados quânticos", caracterizados por sua energia. Cada estado quântico pode ser ocupado por um, e apenas um, elétron. Entretanto, estados quânticos diferentes podem ter a mesma energia, o que faz com que alguns elétrons possam ter a mesma energia, apesar de ocuparem estados fisicamente distintos. O número dos estados quânticos para cada átomo é infinito; porém, obviamente, apenas um número de estados exatamente igual ao número de elétrons encontra-se ocupado em qualquer instante. Para o elétron poder passar de um estado de energia inferior para um estado de energia superior, o átomo precisa receber energia de alguma fonte externa. Por outro lado, quando um elétron passa de um estado de energia superior para um estado de energia inferior, a diferença de energia é emitida pelo átomo para o mundo exterior. O conjunto dessas transições é diferente para cada elemento químico, formando, por assim dizer, sua impressão digital única.

Na Fig. 1.3, os principais estados quânticos são indicados por um número inteiro *n* (lado esquerdo), e as energias desses estados estão indicadas do lado direito. Como é possível medir apenas diferenças de energias entre os estados quânticos, o valor zero atribuído ao estado *n = 1* é arbitrário. Na parte superior da figura, está indicado o espectro eletromagnético correspondente a algumas das principais transições. Tente identificá-las com as transições mostradas na parte inferior da figura.

Os átomos podem se ligar uns aos outros, formando moléculas. Há vários tipos de ligações químicas: desde aquelas em que os átomos são ligados pelo compartilhamento de um ou mais elétrons (ligações covalentes), até aquelas em que um elétron transfere-se de um átomo para o outro, mantendo os dois ligados por uma atração eletrostática (um átomo torna-se positivo e o outro, negativo) – as ligações iônicas. Mesmo nas moléculas, os elétrons continuam a existir apenas em estados quânticos bem definidos, com suas respectivas energias. Assim, também as moléculas têm uma impressão digital característica.

Os átomos, como as moléculas, podem formar agregados muito maiores, que identificamos com sólidos e líquidos na experiência cotidiana. Nesses agregados, os estados quânticos dos elétrons formam "bandas" energéticas contínuas permitidas e proibidas, algumas completamente ocupadas e outras completamente vazias, como no caso de isolantes e semicondutores, ou, como no caso dos metais, algumas parcialmente ocupadas. (Voltaremos a esse assunto na eletricidade fotovoltaica.)

Finalmente: radiação e matéria

Como tudo em ciência, o que é importante para a vida real também é para o conhecimento fundamental. Há muito a aprender do estudo das trocas de energia entre matéria e radiação. Aqui, vamos apresentar apenas três dos principais resultados, fruto de mais de um século de pesquisas.

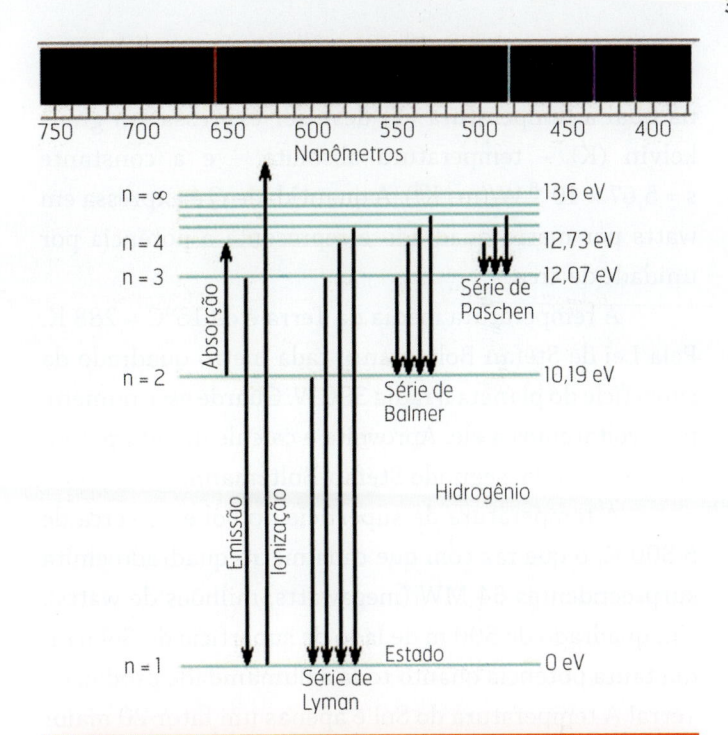

Fig. 1.3 Níveis de energia correspondentes aos estados quânticos do elétron no átomo de hidrogênio

O primeiro resultado: potência total irradiada

O primeiro resultado importante é que todo corpo que não esteja à temperatura de zero absoluto emite energia sob a forma de radiação eletromagnética. Isso inclui você e a própria Terra. As leis que governam essa emissão foram descobertas há mais de um século, por meio da construção de um corpo ideal, chamado "corpo negro", definido como um objeto que absorve toda a radiação incidente sobre ele. Um corpo negro em equilíbrio termodinâmico com seu meio, à temperatura constante, tem de emitir a mesma quantidade de energia que recebe; caso contrário, ele acumularia ou perderia energia, e sua temperatura não permaneceria constante. Isso pode parecer muito teórico, mas mantenha esse raciocínio, bastante simples, em mente, pois tem tudo a ver com o aquecimento da Terra.

Os cientistas aprenderam a calcular quanta potência o corpo negro emite por unidade de área, em função da temperatura, a chamada Lei de Stefan-Boltzmann:

$$Q = s\,T^4 \qquad (1.3)$$

na qual a temperatura (T) deve ser expressa em graus kelvin (K) – temperatura absoluta – e a constante $s = 5{,}67 \times 10^{-8}$ W/(m² K⁴). A quantidade Q é expressa em watts por metro quadrado e representa a potência por unidade de área.

A temperatura média da Terra é de 15°C = 288 K. Pela Lei de Stefan-Boltzmann, cada metro quadrado da superfície do planeta irradia 390 W. Guarde esse número, pois voltaremos a ele. Aproveite e calcule quanta potência você irradia, segundo Stefan-Boltzmann.

A temperatura da superfície do Sol é de cerca de 5.800 K, o que faz com que cada metro quadrado emita surpreendentes 64 MW (megawatts, milhões de watts). Um quadrado de 500 m de lado de superfície do Sol irradia tanta potência quanto toda a humanidade produz na Terra! A temperatura do Sol é apenas um fator 20 maior do que a da Terra, mas a potência irradiada é um fator $20^4 = 160.000$ maior, por causa da quarta potência que aparece na equação de Stefan-Boltzmann.

O segundo resultado: troca de energia em "pacotes"

O segundo resultado, descoberto por Max Planck na virada do século XIX para o século XX, é igualmente importante. Trocas de energia entre radiação e matéria acontecem por meio de "pacotes", *quanta* (plural de *quantum* em latim) de radiação. Esses quanta de radiação são chamados de fótons.

Esse resultado, aparentemente tão inocente, mudou o mundo da Física. Ainda hoje os cientistas estão lutando para tentar entender o que ele realmente significa. Como se vê, ainda sobra trabalho para você. E muito!

Note que a descoberta de que trocas de energia entre radiação e matéria só podem acontecer por meio de "pacotes" antecedeu, historicamente, a descoberta da existência de elétrons nos átomos em níveis de energia bem definidos. Tudo isso faz parte de uma sucessão de descobertas fundamentais do final do século XIX e início do século XX, que levaram à formulação da teoria dos átomos, da radiação e da interação entre eles, conhecida como Eletrodinâmica Quântica, uma das mais belas teorias da Física moderna.

Planck descobriu mais dois resultados fundamentais: um, relacionando à energia de um fóton com a frequência da onda eletromagnética correspondente; o outro, calculando como a potência Q da equação de Stefan-Boltzmann se distribui entre as infinitas frequências possíveis das ondas eletromagnéticas.

A primeira fórmula de Planck relaciona a energia de um fóton (E) com a frequência da onda eletromagnética correspondente (f):

$$E = h\,f \qquad (1.4)$$

na qual $h = 6{,}626 \times 10^{-34}$ J/Hz, conhecida como constante de Planck.

Essa fórmula mostra de imediato que, apesar de ser matematicamente possível, uma frequência infinita é impossível, porque não há energia suficiente no Universo para criar um fóton de energia infinita.

A segunda fórmula é mais complicada, mas muito importante. Ela nos dá a potência por metro quadrado existente em um intervalo de frequência predeterminado, por exemplo, de 1 Hz. A função B_f que ela expressa chama-se "potência espectral" e é dada por:

$$B_f = 2\,(h\,f^3/c^2)\,1/(\exp(h\,f/k_B\,T) - 1) \qquad (1.5)$$

em que $k_B = 1{,}38 \times 10^{-23}$ J/K, a constante de Boltzmann. T é, novamente, a temperatura absoluta; h é a constante de Planck; f, a frequência; e c, a velocidade da luz. Essa função é mostrada na Fig. 1.4.

O espectro para 5.800 K (da Fig. 1.4) é o que mais se aproxima da emissão solar. O comprimento de onda do máximo de emissão é calculado pela expressão:

$$\lambda_{pico}(nm) = 2{,}898 \times 10^6 / T \qquad (1.6)$$

ou seja, 500 nm para T = 5.800 K. Não por coincidência, esse é o comprimento de onda da luz ao qual nossos olhos são mais sensíveis.

O terceiro resultado: o verde da grama

O terceiro dos resultados que mudaram a Física é um pouco mais complicado de entender, mas ele tem muito a ver com o colorido da vida e é importante para a discussão de energia. Vimos, na nossa discussão sobre a Matéria, que átomos e moléculas têm uma impressão digital característica, expressa pelas transições entre os níveis de energia de seus estados quânticos.

Esse terceiro resultado mostra que átomos e moléculas absorvem e emitem radiação eletromagnética apenas em frequências ou bandas de frequências bem definidas. Para entender, pense em um prisma decompondo a luz do Sol nas diferentes cores, do violeta ao vermelho. Cada frequência (ou comprimento de onda) da radiação eletromagnética corresponde a um ângulo de saída da luz do prisma, com a frequência variando de forma regular com o ângulo. Isto faz com que a frequências próximas umas das outras correspondam a ângulos próximos uns dos outros, resultando nas bandas coloridas que reproduzem um arco-íris. É um espectro de emissão da luz solar, parecido com o de um corpo negro, portanto, é contínuo nas frequências.

Esse mecanismo de alto valor estético é de grande interesse científico, pois permite identificar os diferentes elementos químicos e as diferentes moléculas por meio da forma como eles absorvem e emitem a luz.

Esse espectro solar é o mesmo produzido por um prisma, apenas obtido com um instrumento muito superior, que permite ver efeitos que não são notados em um simples prisma de vidro. Ele tem de ser lido de cima para baixo, linha a linha, com as

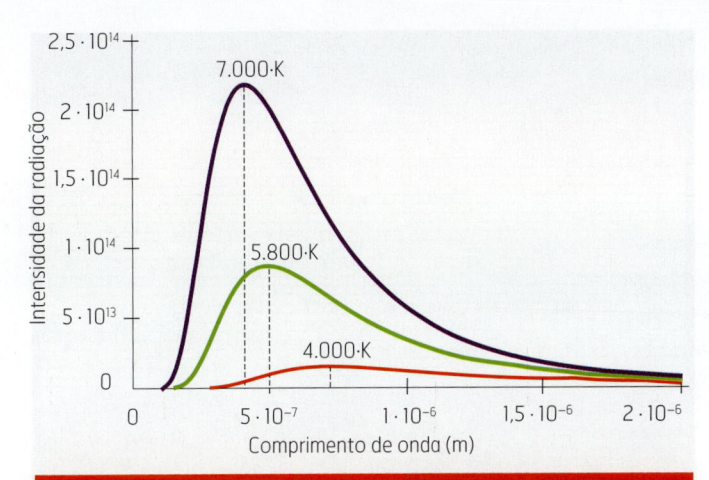

Fig. 1.4 Espectro de radiação de um corpo negro calculada para diferentes temperaturas

cores variando do vermelho bem escuro, quase negro, até o violeta profundo. Você notará que há muitas linhas (e algumas bandas) pretas no espectro. Uma linha preta significa que não há radiação (luz) para observarmos nessa frequência ou cor. Como não é razoável supor que o Sol deixe de emitir radiação precisamente nessa frequência, a explicação do fenômeno é: átomos e íons presentes na atmosfera solar capturam as frequências, de modo que as linhas escuras correspondem a partes do espectro absorvidas pelos diferentes tipos de átomos. A Fig. 1.5 combina dois tipos de espectros: de emissão (do Sol) e de absorção (dos elementos químicos presentes na atmosfera solar).

Muitas das cores que observamos na Natureza, em especial as cores das plantas, formam-se por fenômenos de absorção e emissão em bandas de frequência. (Há também outros truques usados pela Natureza para produzir cores, mas não são muito relevantes no momento.)

A Fig. 1.6 apresenta o espectro de absorção de uma clorofila, o pigmento que dá a cor verde às plantas. Como é feita essa medida? De forma simplificada, ela consiste em jogar uma luz de intensidade controlada, composta por muitas frequências, cuja absorção se quer determinar, sobre um lado da amostra com moléculas de clorofila dissolvidas em um líquido. Do outro lado, mede-se a intensidade da luz que passa para cada frequência de interesse. Como a molécula de clorofila é bastante complexa, em lugar de observar linhas de absorção, como no caso

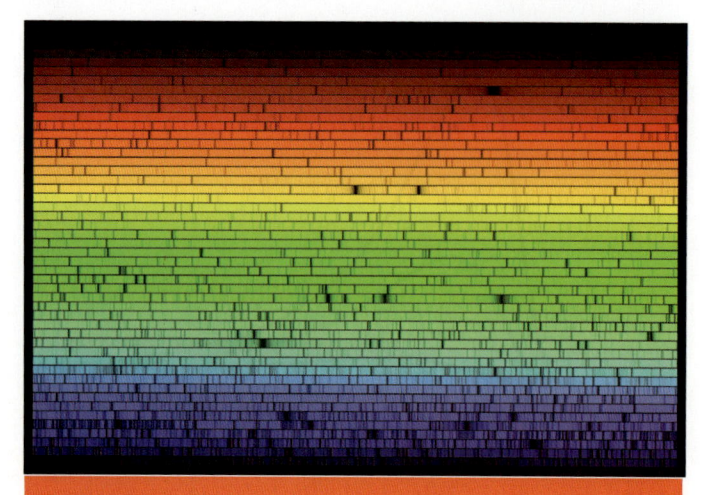

Fig. 1.5 Espectro solar de altíssima resolução
Fonte: NOAO (www.noao.edu/image_gallery/html/im0600.html)

outras formas de energia. Esse mecanismo de absorção resulta na cor da planta.

Observe que as clorofilas absorvem principalmente no vermelho e no azul, deixando passar o verde. A cor verde que vemos é formada porque a clorofila "rouba" do espectro solar as cores vermelha e azul. Do mesmo modo, a cor das flores é determinada por diferentes compostos químicos, que absorvem a luz do Sol em certas regiões do espectro e a deixam passar em outras.

E é assim que a interação entre a radiação eletromagnética e a matéria determina a vida na Terra.

do espectro solar, o que se observa são bandas de absorção mais ou menos intensas. Mas, como você já sabe, luz é energia e energia se conserva. O número de fótons corresponde à intensidade da luz – quanto maior, mais intensa a luz. Se um certo número de fótons de energia hf entrou na amostra e não saiu do outro lado, significa que essa energia foi absorvida pelas moléculas do material examinado – no caso, clorofila – e transformou-se em

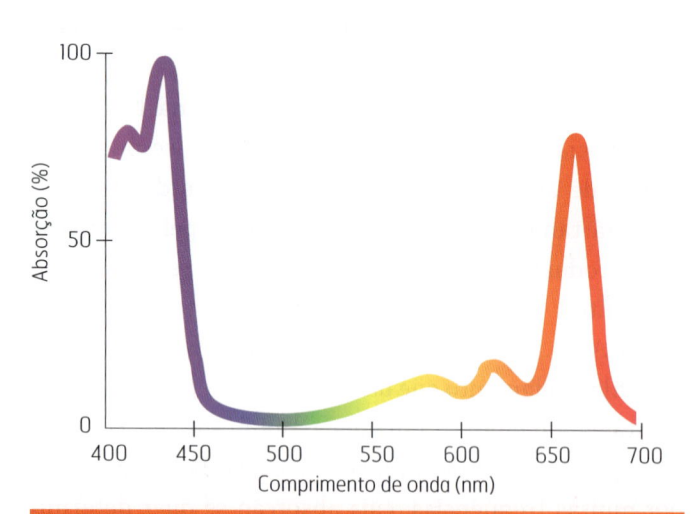

Fig. 1.6 Espectro de absorção da clorofila a, com indicação das cores correspondentes aos comprimentos de onda mostrados. As absorções mais intensas ocorrem no azul e no vermelho
Fonte: <www.ch.ic.ac.uk/local/projects/steer/chloro.htm>.

A Biosfera

Os gregos antigos reconheciam quatro elementos básicos no mundo: a terra, a água, o ar e o fogo. Hoje sabemos que essa teoria não está correta, mas com um pouco de licença poética, podemos ainda pensar nosso meio ambiente em termos desses quatro elementos. Só vamos tomar cuidado para não confundir o planeta Terra com o elemento terra. O tema principal deste capítulo é a energia na Biosfera, o domínio do que é vivo e do ambiente em que vive.

O planeta Terra é uma superfície sólida, formada por continentes e ilhas, e uma cobertura de água, formada por oceanos, lagos e rios. A cobertura de gelo, sobre continentes ou mares, é importante nas regiões polares e subpolares e em grandes altitudes. Os seres vivos compreendem milhões de espécies de microorganismos, plantas e animais capazes de se reproduzir e evoluir por um processo de seleção natural descoberto por Charles Darwin e Alfred Wallace no século XIX. A metáfora da Terra como uma nave espacial, carregando uma grande variedade de organismos, é muito apropriada, especialmente quando o impacto da atividade humana repercute em escala global. Como toda nave espacial, a Terra possui uma capacidade finita de suprir alguns dos recursos essenciais a seus passageiros. E, de todas as atividades humanas, a que mais impacta o meio ambiente em escala global é a produção e o consumo de energia – incluída a energia sob forma de alimentos. É por isso que uma discussão sobre a terra, a água e o ar é necessária quando tratamos de energia.

Convém lembrar que, antes da espécie humana, os organismos capazes de realizar a fotossíntese – bactérias e plantas – espalharam-se pelo planeta Terra, e sua atividade impactou, ao longo de centenas de milhões de anos, a atmosfera e o clima do planeta, para não dizer também o seu visual. É a melhor demonstração que temos da finitude da nave espacial Terra. Muitas espécies atuaram metabolicamente da mesma forma, isto é, absorveram energia solar, água e dióxido de carbono e, ao emitirem oxigênio, alteraram a biosfera, possibilitando, entre outras coisas, o surgimento de organismos como nós, que precisamos consumir oxigênio para viver. Agora, alguns dos produtos do metabolismo da civilização industrial criada por nossa espécie, os chamados gases de efeito estufa (dióxido de carbono, metano, óxidos de nitrogênio), atingiram um tal volume que estão impactando a biosfera.

Você já deve ter visto motoristas e passageiros que abrem a janela para jogar fora o lixo que não querem dentro do carro. (Se você já fez isto, saiba que é muito feio!) Ora, o que eles estão fazendo é demonstrar que não se importam de viver, e de que seus semelhantes vivam, dentro de um lixão. Infelizmente, quando se trata do "lixo" em escala planetária, não é viável abrir as janelas da Terra e jogá-lo no espaço. Temos de viver com ele, da mesma forma que temos de viver com o lixo que pessoas porcas (isto é um desrespeito para com os porcos) jogam nas ruas e estradas. Quanto mais habitantes a Terra tem e quanto mais energia é necessária, tanto mais "lixo" se gera. Por isso, vamos dedicar este capítulo para entender um pouquinho sobre o nosso próprio planeta.

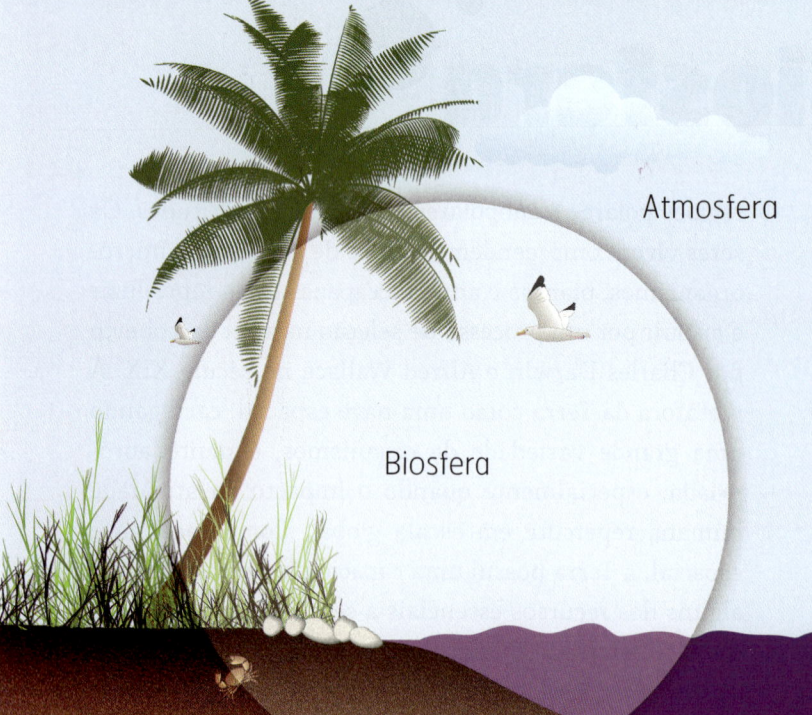

2.1 O palco da biosfera: a Terra, o ar e a água

A Terra

A Terra é aproximadamente esférica, com um raio médio de 6.373 km. Por causa da rotação, ela "engorda" um pouco no Equador, mas não é relevante para nossos números. Com o valor do raio, podemos calcular a área aproximada da Terra, que é de 510 milhões de km^2. Cerca de 70% da área é ocupada por oceanos e o restante, pelos continentes e ilhas. Portanto, a superfície não submersa é de cerca de 150 milhões de km^2, e nem todos eles são habitáveis. Desertos, terras geladas e a Antártica (14 milhões de km^2 cobertos de gelo) ocupam cerca de um terço do total, reduzindo a área efetivamente habitável a não muito mais de 100 milhões de km^2.

O Brasil representa 8,5% dos territórios habitáveis do planeta, com apenas 2,8% da população total. Portanto, a densidade populacional média do Brasil, de 22 habitantes por km^2, é bem inferior à média global, de cerca de 66 habitantes por km² na área habitável.

Da área habitável da Terra, aproximadamente 13 milhões de km² são cultivados e 34 milhões de km² são ocupados por pastagens. Portanto, cerca da metade do total da superfície habitável é empregado na produção de alimentos. Lembre-se de que alimento também é um combustível e que a energia de biomassa depende da existência de terras cultiváveis.

O ponto mais alto do planeta é o monte Everest, com uma altura de 8.848 m, e o mais baixo é o fosso de Mariana, no oceano Pacífico, situado a 11.911 m abaixo do nível do mar. Nesse ponto, o oceano é tão profundo que não "dá pé" nem para o monte Everest. A altitude média dos continentes é de 840 m acima do nível do mar.

A temperatura média da superfície da Terra é de 15°C, e a do seu núcleo é de 7.000°C. O calor do interior da Terra é gerado por energia nuclear e provém do decaimento radioativo de potássio 40, urânio 238 e tório 232.

O ar

O segundo componente da biosfera é a atmosfera, formada principalmente por nitrogênio, oxigênio e argônio. Sua massa total é estimada em $5,15 \times 10^{18}$ kg (Zg). A Tab. 2.1 apresenta a composição da atmosfera na região da troposfera (onde vivemos). A baixa concentração de alguns outros gases não significa que eles não sejam importantes. Devemos a existência da atmosfera à força gravitacional da Terra, que mantém as moléculas mais pesadas presas ao planeta. Gases mais leves, como hidrogênio e hélio, difundem para as camadas superiores da atmosfera e acabam se perdendo. As moléculas dos outros gases não possuem velocidade suficiente para escapar da gravitação terrestre (ainda bem, ou você não estaria lendo este livro).

A atmosfera ainda contém um bocado de outras coisas em suspensão, como poeira e partículas de fumaça,

Tab. 2.1 Composição da atmosfera

Molécula	Fração volumétrica na troposfera	Comentários
Nitrogênio N_2	$7,808 \times 10^{-1}$	A molécula dissocia por processos fotoquímicos no topo da ionosfera.
Oxigênio O_2	$2,095 \times 10^{-1}$	Dissociação fotoquímica acima de 95 km.
Argônio Ar	$9,340 \times 10^{-3}$	
Dióxido de carbono CO_2	$3,850 \times 10^{-4}$	Concentração aumentando regularmente por processos antropogênicos.
Neônio Ne	$1,818 \times 10^{-6}$	
Hélio He	$5,240 \times 10^{-6}$	
Metano CH_4	$1,745 \times 10^{-6}$	Lixões e animais herbívoros (grandes rebanhos) são fonte importante
Kriptônio Kr	$1,140 \times 10^{-6}$	
Hidrogênio H_2	$5,000 \times 10^{-7}$	Dissociado acima da estratosfera.
Óxido nitroso N_2O	$3,190 \times 10^{-7}$	Subproduto da atividade agrícola. Concentração depende do tempo, do local e da altitude.
Monóxido de carbono CO	$7,000 \times 10^{-8}$	Concentração variável. Produto de combustão.
Ozônio O_3	$1,000 \times 10^{-8}$	Concentração variável com o tempo, o local e a altitude. Origem fotoquímica.
Óxidos de nitrogênio Nox	$1,000 \times 10^{-8}$	Origem industrial na troposfera. Origem fotoquímica na mesosfera e na ionosfera.

Fonte: adaptado de R. M. Godoy, *Atmosferic Radiation*, Oxford University Press, 1964.

que são muito variáveis e dependem do local. Isso não quer dizer que não sejam importantes para o clima. A explosão de um vulcão pode lançar suficiente poeira nas altas camadas da atmosfera, causando um aumento da fração de energia solar que é refletida de volta para o espaço e, assim, contribui para esfriar a Terra.

A pressão da atmosfera é importante: ao nível do mar, é de 760 mm de Hg, nas unidades barométricas convencionais, ou de 101,3 kPa (quilo Pascal) nas unidades internacionais. Ela equivale a cerca de 10 toneladas por m² e é causada pelo peso da atmosfera na superfície do planeta. Nós não sentimos o peso dessas toneladas porque a pressão atua igualmente em todas as direções, e nosso organismo já vem equipado da fábrica para operar nesse ambiente.

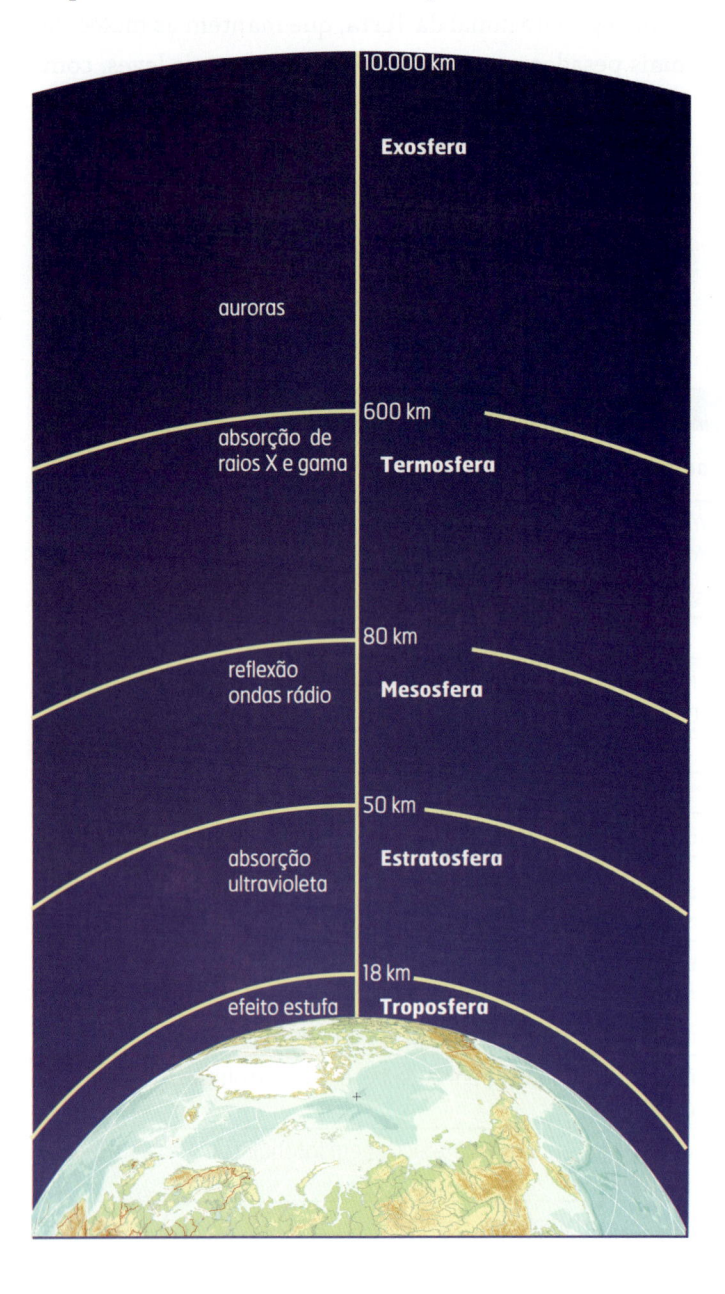

A pressão atmosférica não é constante no espaço e no tempo. À medida que nos afastamos do nível do mar, ao escalar uma montanha ou ao voar, a quantidade de atmosfera acima de nós diminui. Consequentemente, diminui seu peso, diminui a pressão e diminui a densidade dos gases que a compõem. Acima de cerca de 5.000 m (esta altitude varia dependendo das condições físicas, da aclimatação à altura e do metabolismo individual), não conseguimos mais respirar sem o auxílio de aparelhos, devido à baixa concentração de oxigênio. É uma altura menor do que um milésimo do raio da Terra. Portanto, se a Terra fosse do tamanho de uma bola de futebol, a altura "útil" da atmosfera seria de um décimo de milímetro – a espessura de uma folha de papel.

A camada da atmosfera mais próxima do solo chama-se troposfera. Ela contém cerca de 80% da massa total da atmosfera e se estende até uma altura que varia de 7 km nos polos a 17 km no Equador. A estratosfera é a camada seguinte, que se estende até cerca de 50 km de altura e contém o ozônio que nos protege da radiação ultravioleta do Sol. As outras camadas são menos interessantes para nós, exceto pela ionosfera, que reflete ondas de rádio, permitindo a comunicação radiofônica de longa distância.

Da atmosfera dependem três importantes fontes de energia renováveis: a hidrelétrica, que depende da evaporação e condensação do vapor d'água; a eólica, que depende dos ventos – portanto, das variações de pressão atmosférica entre diferentes locais – e a biomassa, que depende da absorção de CO_2 atmosférico.

A composição da troposfera não é constante. O componente que varia mais rapidamente no tempo e no espaço é o vapor d'água, que se reflete no processo complexo de trocas de energia na atmosfera.

A concentração de CO_2 tem duas variações com o tempo, como mostra a Fig. 2.1. A primeira, com periodicidade anual, reflete o ciclo da vegetação com as estações, sobretudo a vegetação do hemisfério Norte, onde a grande massa de terra está concentrada. A segunda, de longo prazo, reflete um aumento sistemático da concentração desse gás, produto das atividades humanas, principalmente a queima de combustíveis fósseis, o desflorestamento e as mudanças do uso do solo. A concentração de oxigênio apresenta variações na escala geológica de tempo (a permanência média de uma molécula de O_2 na atmosfera é estimada em 4 milhões de anos), principalmente pela ação das plantas.

Outros gases, como metano (cultivo do arroz, pecuária) e óxido nitroso (combustíveis fósseis, adubos) também têm suas concentrações influenciadas, em tempos relativamente curtos, por efeitos antropogênicos (causados pelo ser humano).

Agora que discutimos a atmosfera, podemos falar da água.

A água: os oceanos

O terceiro componente da biosfera são os oceanos, ou, se você preferir, a água. Em termos de área, os oceanos dominam a superfície do planeta, por isso a Terra é azul quando vista do espaço. Deixamos a discussão acerca da água para depois da discussão acerca da atmosfera, por ser esta a grande responsável pela recirculação da água no planeta, o chamado ciclo hidrológico.

Com uma profundidade média dos oceanos de 3.800 m, o volume total de água no planeta é de 1,39 bilhão de km^3. (Estas estimativas não são assim tão precisas, mas algumas dezenas de milhões de km^3 a mais ou a menos não afetam os grandes números.) Lembre-

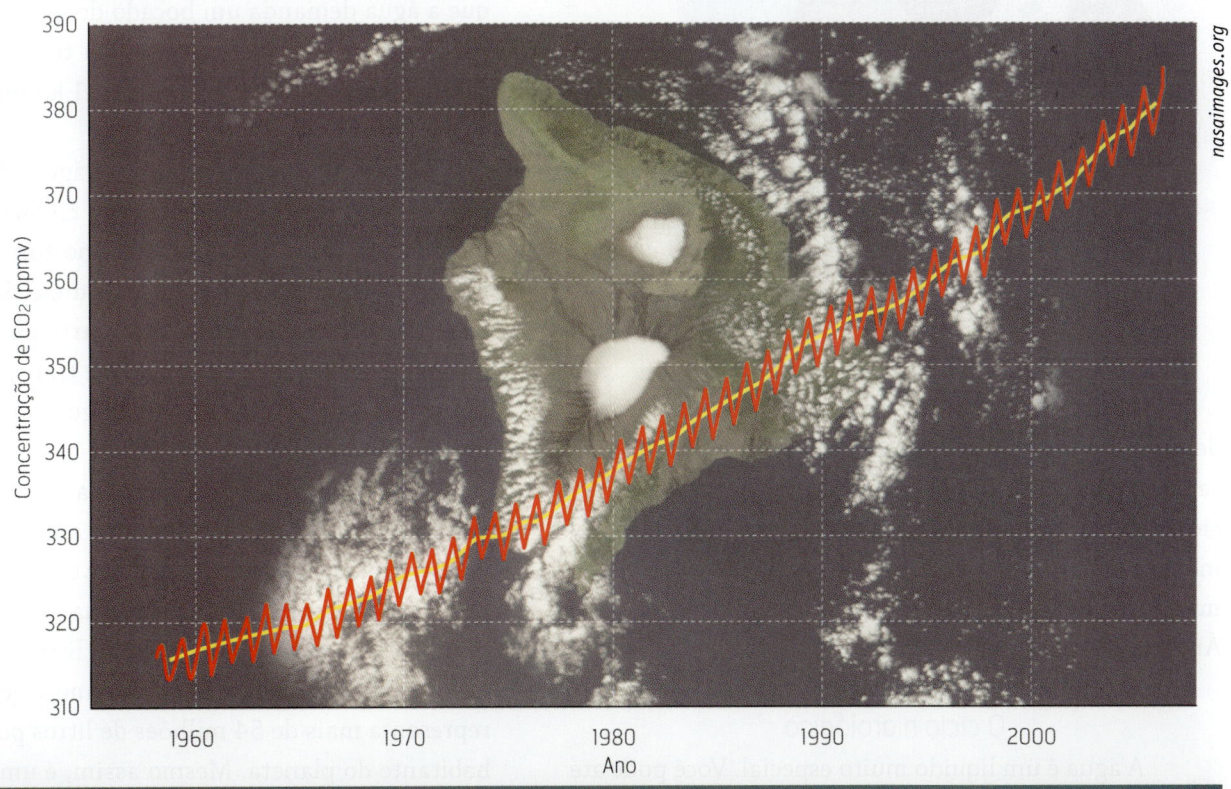

Fig. 2.1 Variação anual e de longo prazo da concentração de CO_2 na atmosfera (medida em Mauna Loa, Havaí)

se de que um quilômetro cúbico contém um bilhão de metros cúbicos e, portanto, um trilhão de litros d'água. Há água bastante na Terra; porém, 97,5% dessa água é salgada. Apenas 2,5% são de água doce, dos quais quase 70% são água congelada. Portanto, menos de 1% da água do planeta é doce e encontra-se sob a forma líquida, mas mesmo 1% é muita água. É claro que o volume total não diz nada quanto à distribuição geográfica e às condições para consumo humano. É por isso que água é um problema, e não porque a quantidade total disponível no planeta seja insuficiente para atender nossas necessidades.

volume total de água
1,39 bilhão de km³

2,5% doce

97,5% salgada

quase 70% da água doce é congelada

Antártica
30 milhões de km³ de água doce

A Antártica acumula cerca de 30 milhões de km³ de água doce sob forma de gelo em terra firme. Conhecendo o volume de gelo da Antártica e a área da superfície total dos oceanos, calcule para quanto subiria o nível médio do mar caso todo esse gelo derretesse. O nível do mar seria alterado pelo derretimento da calota de gelo do Ártico, que flutua sobre a água?

O ciclo hidrológico

A água é um líquido muito especial. Você pode até pensar que me refiro ao fato de que, sem ela, não haveria cerveja, nem tampouco você. Mas não é só isso. Para uma molécula tão leve (um mol de água pesa apenas 18 g), ela possui pontos de fusão e de evaporação anormalmente altos. O metano, que possui um peso molecular de 16, funde a -182,5°C e ferve a -161,6°C, enquanto a água faz as mesmas coisas, mas a 0°C e a 100°C, respectivamente. A verdade é que as moléculas de água gostam de ficar juntinhas, porque os átomos de hidrogênio do H_2O são promíscuos. Eles não se contentam com uma ligação honesta com o seu próprio oxigênio, e estão sempre de olho nos oxigênios dos vizinhos. Os cientistas, que são pessoas muito pudicas, chamam a isto de pontes de hidrogênio. Mas nós sabemos do que se trata, não? O resultado desse comportamento "imoral" é que a água representa, até hoje, um mistério para os cientistas. Aqui está um bom problema para um futuro cientista, como você. Uma consequência desse mau comportamento do hidrogênio é que a água demanda um bocado de energia para evaporar. Ou, em linguagem técnica, seu calor latente de evaporação – 41 kJ/mol – é elevado.

Uma pequena fração da água do planeta, coitada, passa a vida a circular, enquanto a maior parte repousa no fundo dos oceanos. Como vamos falar de um ciclo, podemos começar em qualquer parte dele. Então, iniciemos pela evaporação e transpiração, os processos pelos quais a água entra na atmosfera.

A evaporação é nossa velha conhecida: água aquecida evapora. Por ano, em média, a energia recebida do Sol faz com que cerca de 430 Tm³ (10^{12} m³) de água evaporem. Ou seja, 430 quadrilhões de litros de água evaporam dos oceanos a cada ano, o que representa mais de 54 milhões de litros por habitante do planeta. Mesmo assim, é uma fração de $430 \times 10^{12}/1,39 \times 10^{18} = 0,03\%$ da água dos oceanos que evapora todos os anos.

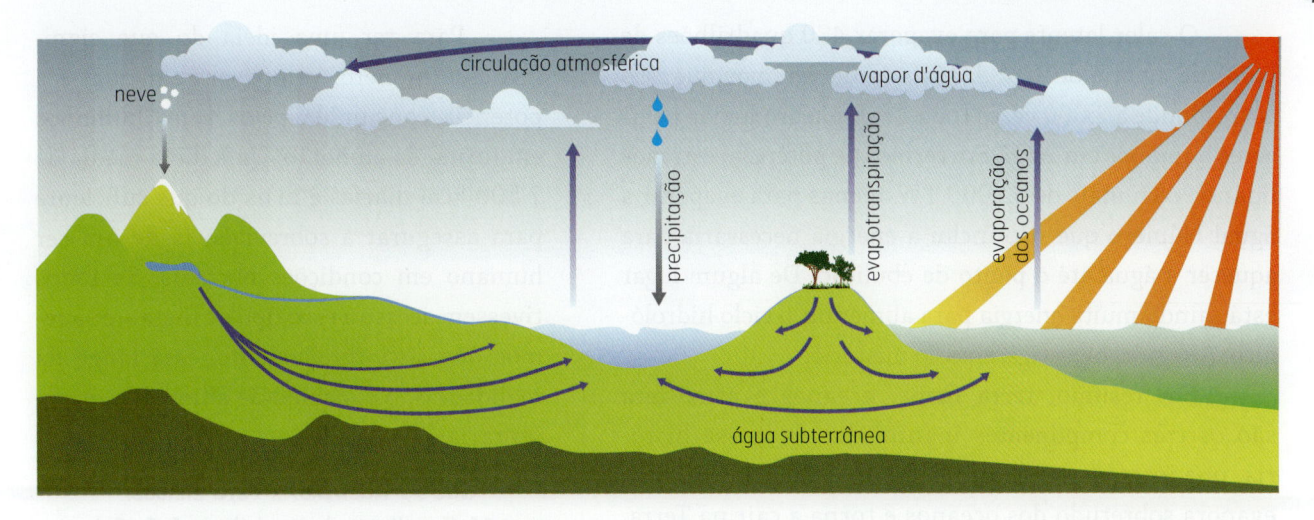

Em terra firme, temos o mesmo fenômeno de evaporação dos rios e lagos, pois levamos em conta a evaporação das plantas: a transpiração. As raízes das plantas podem ir longe em busca de água e nutrientes, como no cerrado de Goiás, ao final da estação da seca: enquanto toda a vegetação miúda à volta está seca, de um dia para o outro, as árvores começam a brotar e a produzir folhas novinhas... em folha. Obviamente, foram buscar a água lá embaixo. As plantas transpiram pelas folhas e pelo caule, retornando boa parte dessa água para a atmosfera. Os animais também transpiram, mas a quantidade de água é bem menor do que os 71 quadrilhões de litros de água que evaporam da terra firme todos os anos.

A água evaporada contribui para aumentar o vapor d'água na atmosfera, portanto, o ar é mais quente nas regiões onde há muita evaporação. Ar quente tem menor densidade do que ar frio e sobe. Ao subir, ele carrega o vapor d'água para cima, e os ventos encarregam-se de transportar esse vapor de um lugar para outro, às vezes milhares de quilômetros. Quando o ar quente sobe, ele realiza trabalho, empurrando o ar mais frio. Pela lei de conservação da energia, ele perde energia ao fazer isso e esfria. Ao esfriar, o ar consegue carregar menos vapor d'água, o que provoca a condensação da água e a formação de nuvens, que também são transportadas pelos ventos. Eventualmente, a água retorna a terra ou ao oceano sob a forma de chuva ou neve. O tempo de permanência médio de uma molécula de água na atmosfera é estimado em nove dias. De toda a água evaporada dos oceanos, cerca de 80% voltam diretamente para eles, e o restante vira chuva ou neve caindo sobre a terra firme. São cerca de 100 quadrilhões de litros de água! Você tem direito a 15 milhões de litros por ano, que você não se importa de compartilhar com algumas plantinhas e outros animais, pois é muita água para uma pessoa só.

A água que cai em terra firme alimenta rios e lagos. Mais cedo ou mais tarde, uma fração importante dessa água, cerca de 37 quadrilhões de litros, volta aos oceanos, e o ciclo recomeça. Como você vê, há uma ligação íntima entre água e atmosfera, e entre água e energia, pois aproveitamos uma parte da água que flui de volta para os oceanos para gerar energia elétrica. Lembre-se de que a altura média dos continentes é de 840 m. Trinta e sete quadrilhões de litros caindo de uma altura de 840 m em um ano equivalem a uma potência mecânica de 10 trilhões de watts (10 TW). Pronto, você já sabe qual é o limite máximo da produção possível de energia hidrelétrica no mundo: 10 terawatts. Naturalmente, o limite real é muito inferior, pois nem toda a água que vai para os oceanos pode ser aproveitada por uma usina hidrelétrica. De qualquer modo, um número muito pequeno diante do buraco de vários TWs que precisamos preencher com energias limpas.

O calor latente para evaporar 430 quadrilhões de litros de água é de 10^{24} J. Mais tarde veremos que isso corresponde a 2.000 vezes toda a energia produzida pelos seres humanos em 2007. Em termos de potência, estamos lidando com mais de 32.000 TW apenas para evaporar a água! Número que não inclui a energia necessária para aquecer a água até o ponto de ebulição. De algum lugar está saindo muita energia para alimentar o ciclo hidrológico. A seguir, investigaremos o mistério.

Em resumo, terra firme, oceanos e atmosfera são os três componentes inanimados da nossa história, que interagem de formas muito complexas. A água evapora sobretudo dos oceanos e torna a cair na Terra. Parte cai em terra firme sob a forma de chuva (de neve e de gelo), parte da chuva é usada pelas plantas, parte escorre para os rios, carregando sedimentos e matéria orgânica, e parte é armazenada, por períodos mais ou menos longos, em aquíferos subterrâneos. Os sedimentos levados pelos rios terminam, em geral, nos oceanos. O carbono, principalmente em forma de CO_2, também está sujeito a ciclos geobioquímicos muito complexos, nem todos entendidos perfeitamente. Há uma troca de CO_2 da atmosfera com os oceanos, há outras trocas com a biomassa (absorção e respiração das plantas), há circulação sob a forma de sedimentos de matéria orgânica depositada pelos rios nos oceanos etc. Enfim, são muitas as interações possíveis entre os três componentes da biosfera, mediadas por compostos químicos e energia. Essas interações são importantes porque nossa vida na Terra depende delas. Esta é uma das razões pelas quais o estudo da energia está intimamente relacionado ao estudo da vida.

2.2 A vida

Sem a vida, a biosfera não seria biosfera, certo? Os seres vivos, de micro-organismos a baleias, passando por seres humanos, são os atores principais da nossa história. Nosso interesse, porém, limita-se aos aspectos energéticos. A energia solar fornece o insumo essencial para a vida na Terra; entretanto, pouco mais de 0,03% dessa energia, ou cerca de 63 TW, é diretamente aproveitada, principalmente pelas plantas e bactérias capazes de realizar a fotossíntese.

Para ter uma ideia do que significa esse número, vamos estimar qual é a potência consumida pelos seres humanos em forma de alimento. Uma dieta média de 2.500 kcal diárias é mais do que suficiente para assegurar a sobrevivência de um ser humano em condições normais. Se todos tivessem acesso a esse tipo de dieta – e sabemos que isso, infelizmente, está longe da realidade –, o consumo de alimentos representaria:

$$(2.500 \text{ kcal/dia}) \times (6,6 \text{ bilhões}) = 16,5 \text{ trilhões de kcal/dia} = 0,8 \text{ TW}.$$

Portanto, em um mundo ideal, os seres humanos consumiriam, sob a forma de alimentos, pouco mais de 1% da fração de energia solar que toca aos seres vivos, bem menos do que isso no mundo real, onde milhões de pessoas passam fome. Entretanto, a quantidade de potência necessária para alimentar os que podem comer é, de fato, muito maior, pois o ser humano está no fim de uma cadeia alimentar. Por exemplo, a energia necessária para produzir bifes pelo boi é muito maior do que a energia que deles extraímos. A energia contida em uma castanha de caju é muito menor do que a energia necessária para produzir o cajueiro, e assim por diante. Quando abordarmos a fotossíntese, veremos que grande parte da energia solar utilizada pelos seres vivos é usada para fixar o carbono atmosférico em carboidratos energéticos, isto é, a energia eletromagnética é convertida em energia química, que pode ser aproveitada pelos seres vivos incapazes de realizar fotossíntese.

2.3 A energia cai do céu

A biosfera movimenta quantidades incríveis de energia. Aqui veremos que sua energia cai do céu em grandes quantidades.

quadro 2.1 O QUE É UM TERAWATT DE SERES HUMANOS?

Vimos que 6,6 bilhões de seres humanos correspondem a cerca de 0,8 TW. Uma regra de três simples e encontramos que 1 TW corresponde a 8,25 bilhões de seres humanos. Pelas taxas atuais de crescimento populacional, a humanidade deve chegar lá por volta do ano 2030 (Fig. 2.2).

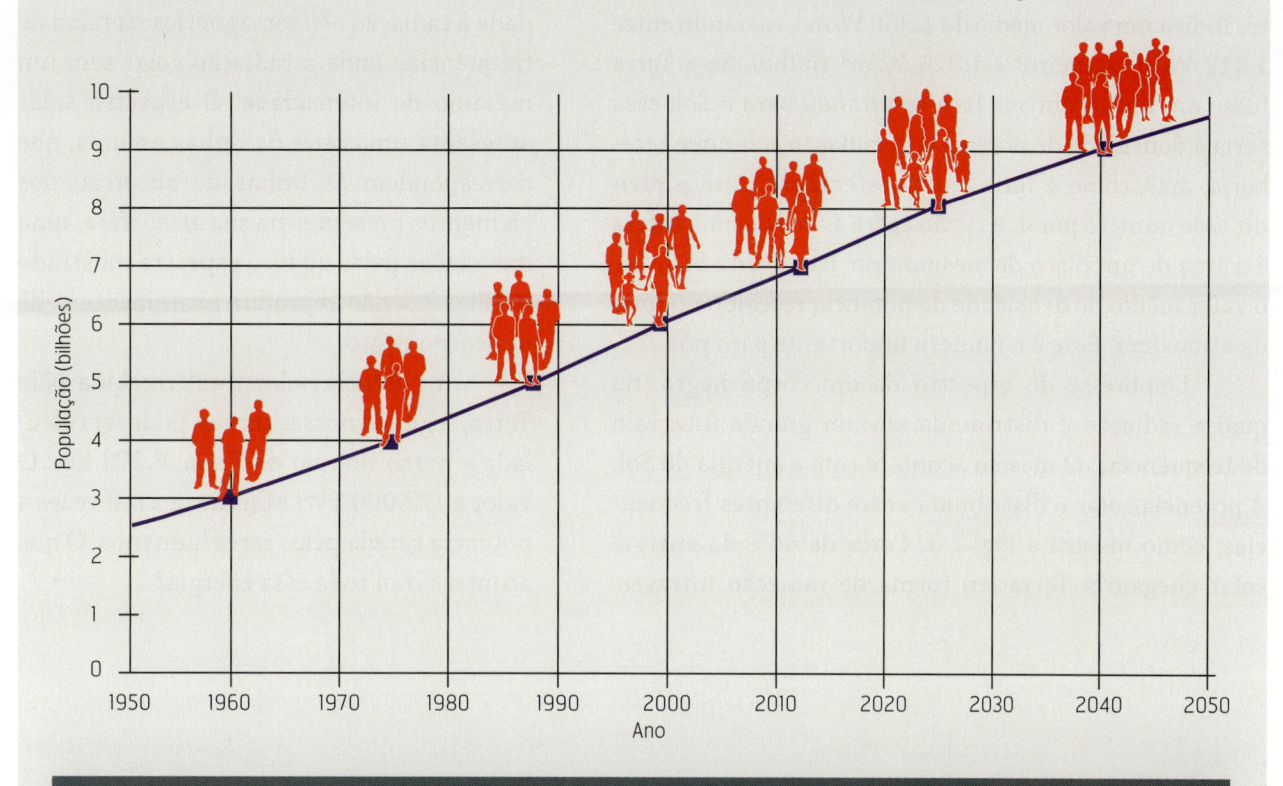

Fig. 2.2 Crescimento e projeção de crescimento da população mundial entre 1950 e 2050

Ao contrário do que seus pais lhe ensinaram, como energia é riqueza, dinheiro *cai* do céu. É só saber colher e aproveitar. Por isso, é bom ler livros: você sempre aprende alguma coisa diferente.

A energia do Sol

A energia do Sol, transportada por ondas eletromagnéticas, é a maior fonte de energia da Terra. De onde vem toda essa energia? O Sol irradia cerca de 64 MW por m^2 de sua superfície. O raio do Sol é de 6,96 x 10^8 m (cerca de 100 vezes o raio da Terra); portanto, a sua área, considerando-o como uma esfera, é de 6,09 × 10^{18} m^2. O Sol irradia, assim, incríveis 389 x 10^{24} J de radiação eletromagnética a cada segundo.

Como energia se conserva, através da superfície de qualquer esfera centrada no Sol passam, a cada segundo, todos esses joules. A área da esfera cresce com seu raio ao quadrado, e a densidade de energia (ou potência) cai com o quadrado da distância. A distância média do Sol à Terra é de 149,6 milhões de quilômetros, variando um pouco durante o ano, mas não estamos interessados em tanta precisão assim. Portanto, a densidade de potência da radiação solar, calculada na órbita da Terra, é de 1.389 W/m^2. Esta é a densidade de potência solar recebida antes de a radiação entrar na atmosfera terrestre, por uma superfície plana apontada perpendicularmente aos raios solares. Quando a radiação entra na atmosfera, uma parte dela é absorvida, espalhada e refletida de volta, de modo que a potência que chega à superfície do planeta é bem menor. Além do mais, a distância Terra/Sol varia ao longo do ano; consequentemente, esse número também varia. O resultado de medidas feitas por satélites indica um valor médio de 1.366 W/m^2, variando entre 1.412 W/m^2 (janeiro) e 1.321 W/m^2 (julho). Se a Terra fosse um disco com sua face apontando para o Sol, essa seria a densidade de potência da radiação solar que receberia, mas, como a Terra é uma esfera, precisamos dividir esse número por 4. A razão entre a área de uma esfera e a área de um disco de mesmo raio, isto é, 342 W/m^2, é o valor médio de densidade de potência recebido no topo da atmosfera. Esse é o número importante para nós.

Lembre-se do espectro de um corpo negro, no qual a radiação é distribuída em um grande intervalo de frequências. O mesmo acontece com a energia do Sol. A potência solar é distribuída entre diferentes frequências, como mostra a Fig. 2.3. Cerca de 46% da energia solar chegam à Terra em forma de radiação infravermelha ou de comprimento de onda maior ($\lambda > 750$ nm); 45%, em forma de luz visível e o restante, em forma de radiação ultravioleta ou de maior energia ($\lambda < 400$ nm). O olho humano evoluiu para ter maior sensibilidade à radiação eletromagnética na faixa de frequências onde a radiação solar tem um máximo de intensidade. O espectro solar apresenta uma série de linhas escuras, que correspondem às linhas de absorção dos elementos presentes na sua atmosfera, uma das razões pelas quais o espectro mostrado na Fig. 2.3 não reproduz exatamente o de um corpo negro.

A potência solar total recebida pela Terra, segundo nossas contas, pode ser calculada a partir do raio da Terra, 6.373 km. O valor é 172.000 TW! Mais de dez mil vezes a potência gerada pelos seres humanos. O que acontece com toda essa energia?

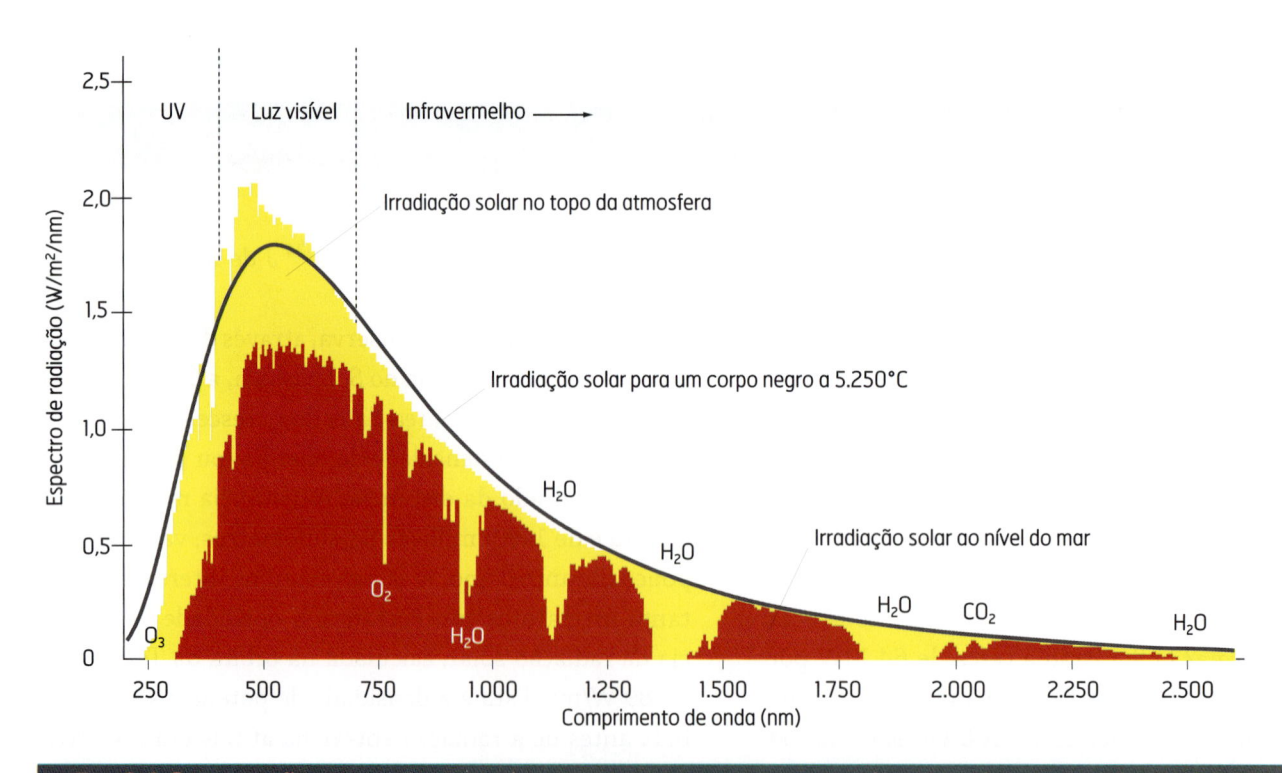

Fig. 2.3 Comparação entre o espectro de um corpo negro, o espectro solar antes de sua entrada na atmosfera e o espectro solar no nível do mar

quadro 2.2 AS TRANSFORMAÇÕES DA RADIAÇÃO ELETROMAGNÉTICA

A biosfera está imersa em um mar energético de radiação. Nossos olhos percebem somente uma pequena fração das ondas desse mar, sob a forma de luz. Os celulares captam algumas dessas ondas, assim como TVs e rádios.

Pela teoria eletromagnética de Maxwell, toda carga elétrica acelerada – por exemplo, por agitação térmica – emite radiação eletromagnética. Calor provoca o surgimento de radiação, nem sempre visível, mas às vezes sensível. É o caso de uma chapa aquecida, como do ferro de passar roupas. Nossos olhos não sentem a radiação, mas nossa pele é capaz de detectá-la como calor. Essa radiação é chamada de infravermelho (infra = abaixo), pois suas frequências são menores do que as da cor vermelha do espectro.

A teoria quântica da matéria ensina que transições de elétrons entre diferentes estados quânticos resultam na absorção ou emissão de fótons – os pacotes de energia eletromagnética. A reconciliação da teoria de Maxwell com a teoria quântica não é trivial, mas está feita e se chama Eletrodinâmica Quântica. Richard Feynman, um dos físicos mais famosos do século XX, foi um dos responsáveis pela formulação da teoria. Isso não quer dizer que não permaneçam mistérios nessa história da luz (ou qualquer radiação) tratada como uma onda ou como uma partícula. Mas esse não é nosso assunto.

Mais da metade da radiação solar que chega à Terra situa-se na faixa de frequências do visível e do ultravioleta (ultra = acima). As frequências ultravioleta correspondem a fótons mais energéticos do que os da cor violeta do espectro. Essa radiação só tem dois destinos possíveis: ou ela é refletida tal qual recebida ou é absorvida pela atmosfera, pelos oceanos, em terra firme ou pelos seres vivos. Quando é absorvida, faz com que elétrons passem de níveis quânticos de energia mais baixa para níveis quânticos de energia mais alta (o princípio da conservação da energia vale para o mundo atômico tanto quanto para o mundo das coisas grandes). Nos níveis de energia mais elevada, os elétrons não podem existir por muito tempo, e a tendência é voltar para seu estado inicial. Em geral, por uma combinação de processos em que parte da energia do elétron transforma-se em calor (agitação molecular) e parte é reemitida sob a forma de fótons de energia menor do que a do fóton absorvido (por que menor?). O resultado final de todos os processos de absorção é a energia recebida sob a forma de fótons no visível e ultravioleta retornar à biosfera sob a forma de radiação infravermelha. A quantidade de energia não muda! O que muda é a sua "qualidade". Ou seja, a biosfera funciona como uma imensa máquina de transformar fótons de alta energia (radiação eletromagnética de alta frequência) em fótons de baixa energia (radiação eletromagnética de baixa frequência).

Finalmente, parte da energia de baixa frequência retorna ao espaço exterior, a fim de manter o equilíbrio energético da Terra. Ao passar pela atmosfera, parte dela é absorvida por algum tipo de molécula, como a água, o gás carbônico, o metano, o óxido nitroso e o ozônio. Essa absorção provoca o aquecimento da atmosfera, pois a energia eletromagnética é transformada em agitação térmica quando não é reemitida.

Quando discutimos o ciclo hidrológico, estimamos a enorme quantidade de energia necessária para evaporar a água (32.000 TW de potência), mas não mencionamos de onde saía tanta potência. Agora podemos esclarecer o mistério: vem dos 172.000 TW de potência solar, dos quais cerca de 25% são usados para energizar o ciclo hidrológico.

A Fig. 2.4 resume o fluxo da radiação solar na biosfera.

quadro 2.3 Equilíbrio energético e efeito estufa

O princípio da conservação da energia é um dos mais básicos, e pode nos ajudar a entender muitos fenômenos, além de não nos deixar cair em armadilhas, como as promessas de biocombustíveis extraídos de algas que superam, por ordens de grandeza, a energia que elas recebem do Sol. O que queremos entender é como são os fluxos de radiação na biosfera e quais os seus impactos sobre o equilíbrio térmico do nosso planeta. Esses fluxos, que entram e saem da biosfera, têm de obedecer ao princípio básico da contabilidade da energia.

O ponto de partida são os 342 W/m² que a Terra recebe do Sol, em média, no topo da atmosfera. A Fig. 2.4 mostra o destino desses 342 W/m² na biosfera. Uma parte é refletida pelas nuvens e poeiras na atmosfera, e outra é refletida pela superfície da Terra. Superfícies cobertas de gelo, neve ou areia são particularmente boas para refletir a radiação incidente na Terra. No total, 107 W/m² retornam diretamente para o espaço; 67 W/m² são absorvidos na atmosfera e contribuem para aquecê-la. O restante, 168 W/m², é absorvido na superfície da Terra por oceanos, rochas, solos, lagos, rios e seres vivos, e grande parte retorna para a atmosfera sob a forma de radiação eletromagnética de grande comprimento de onda. Desse restante, uma fração pequena energiza os movimentos da atmosfera (2%) e ondas oceânicas (0,5%). Finalmente, uma fração ainda mais reduzida, pouco mais de 0,03%, é absorvida pelos organismos vivos, principalmente plantas.

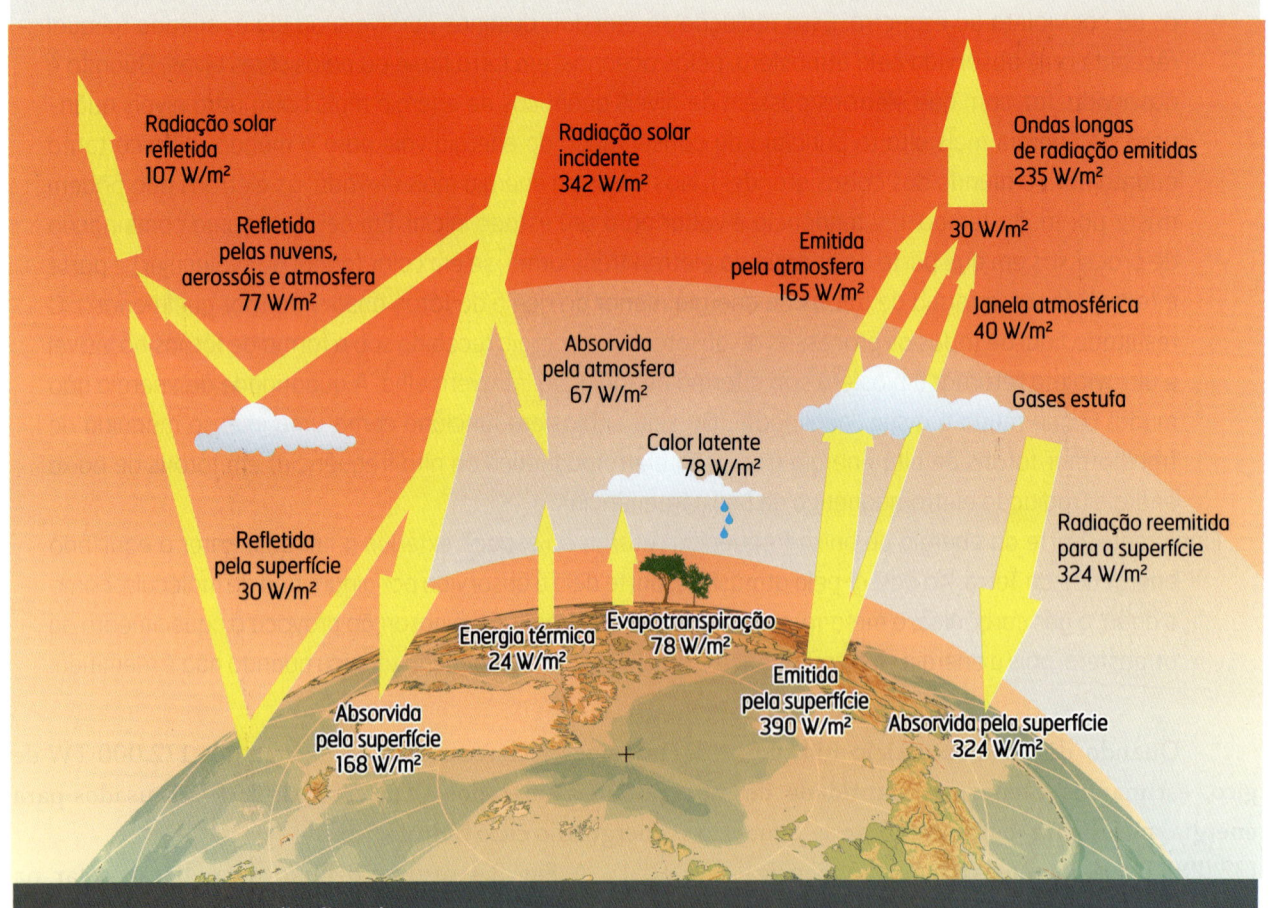

Fig. 2.4 Fluxos de radiação solar

Parte dessa energia, 102 W/m², retorna à atmosfera por dois mecanismos: (1) pelas correntes ascendentes de ar quente e (2) pelo calor latente do vapor de água produzido pela evaporação de oceanos, lagos, rios e poças d'água, e pela transpiração das plantas.

Se a Terra guardasse toda a energia absorvida do Sol, em pouco tempo ela ficaria tão quente que seria inabitável. Felizmente, a teoria do corpo negro vem em nosso auxílio. Como a Terra não se encontra à temperatura do zero absoluto, ela tem de irradiar, como previsto pela lei de Stefan-Boltzmann. A Terra, a uma temperatura média de 15°C, irradia 390 W/m², dos quais, 40 W/m² escapam diretamente para o espaço exterior e o restante é absorvido pela atmosfera e pelo vapor d'água nela presente; 195 W/m² são emitidos pela atmosfera e pelas nuvens de volta ao espaço exterior, os quais, somados aos 40 W/m² mencionados, somam 235 W/m². Todavia, 324 W/m² são devolvidos para a superfície do planeta, contribuindo, por exemplo, para o famoso "mormaço" de um dia nublado de verão.

Podemos agora fechar a contabilidade: dos 342 W/m² que nos chegam do Sol, 107 W/m² são devolvidos sem serem tocados, e 235 W/m² são emitidos pela superfície e pela atmosfera e escapam de volta para o espaço. O equilíbrio está mantido entre a Terra e o espaço exterior.

Na superfície, contabilizamos a entrada de 168 W/m² vindos do Sol e 324 W/m² da atmosfera, num total de 492 W/m², dos quais, 390 W/m² são reemitidos pela lei de Stefan-Boltzmann, enquanto 102 W/m² vão para a atmosfera por correntes térmicas e evapotranspiração. Pronto, está mantido o equilíbrio.

A atmosfera, por sua vez, recebe 519 W/m² (faça as contas você mesmo) e reemite 165 W/m² para o espaço e 324 W/m² de volta à Terra. Pronto, o princípio de conservação de energia está satisfeito.

Naturalmente, as contas não são tão simples assim. Lembre-se de que estamos tratando valores que variam o tempo todo como se fossem constantes no tempo e no espaço. A Terra não é uma esfera perfeita homogênea, nem a atmosfera permanece parada, com a composição estática. As contas estão sujeitas a grandes incertezas. Alguns W/m², ou mesmo fração de W/m², a mais ou a menos, alteram nossa contabilidade perfeita, podendo levar ao aquecimento ou ao esfriamento do planeta. É por isso que é tão difícil prever o clima futuro, apesar do enorme valor que uma previsão confiável teria para o planejamento do uso da energia.

O chamado efeito estufa resulta do delicado equilíbrio entre a quantidade de energia que a Terra recebe do Sol e a energia que ela devolve para o espaço exterior. Um saldo positivo significa que a Terra acumula energia solar e, portanto, aquece. Um saldo negativo significa que a Terra emite mais energia do que recebe e, portanto, "queima suas gorduras" e esfria.

As dificuldades para fazer a contabilidade são muitas, como o fato de a energia recebida do Sol pela Terra ser variável. Não apenas porque a distância entre a Terra e o Sol não é constante (a órbita da Terra é uma elipse, e não um círculo), mas porque o Sol, como toda estrela, tem uma luminosidade variável, e pode emitir mais ou menos energia, dependendo do humor.

Felizmente, duas coisas vêm em nosso auxílio. A primeira é que não estamos interessados em fazer a contabilidade a cada hora ou a cada dia, ou mesmo a cada ano, mas em um período que pode ser de muitos anos. Desse modo, muitas das variações temporais de curto prazo desaparecem na média. A segunda é que queremos fazer a conta para a Terra toda. Do mesmo modo, as variações de latitude e locais desaparecem quando fazemos a média sobre toda a superfície terrestre. Isso não resolve o problema completamente, mas alivia algumas de suas dificuldades. Em uma modelagem realista, é preciso levar em conta todas essas variações!

O ponto importante a entender é como a atividade humana pode afetar o balanço de entradas e saídas de energia. O segredo está nos 324 W/m² irradiados de volta para a superfície da Terra pela atmosfera. Um aumento da concentração das moléculas capazes de absorver a radiação infravermelha emitida pela superfície vai aquecer a atmosfera e fazer com que a quantidade de radiação por ela enviada de volta aumente. Um aumento desse valor destrói o equilíbrio energético, que só pode ser recuperado se a superfície passar a emitir mais de 390 W/m². Ora, pela lei de Stefan-Boltzmann, isso implica um aumento de temperatura. Assim, um aumento da concentração de gases de efeito estufa leva a um aumento generalizado da temperatura da atmosfera e da Terra como um todo. Naturalmente, os processos reais são complexos e a modelagem da biosfera não é fácil. Entretanto, o grau de certeza que temos hoje sobre a realidade desse efeito é muito grande.

Conclui-se que a terra, o ar, a água e os seres vivos são o palco e os atores principais do grande teatro da energia na biosfera. Eles se alimentam da energia quase que exclusiva do Sol. Nenhuma invenção humana pode competir, em termos energéticos, com a energia solar. Sem ela, não haveria vida. Mas, a nossa história está incompleta, pois no palco da Natureza ainda se movimentam outros atores, produtos da técnica humana, que são consumidores tão ávidos de energia que, em razão disso, afetam o nosso ambiente. No próximo capítulo, introduziremos esses atores.

quadro 2.4 Mudanças climáticas globais

Você já deve ter ouvido falar bastante sobre o problema de mudanças climáticas globais. No final de 2009, uma grande reunião em Copenhagen, na Dinamarca, organizada pelas Nações Unidas, tentou chegar a um consenso, entre todos os países do mundo, sobre o que fazer para diminuir as emissões de gases de efeito estufa. Essa reunião terminou em fracasso, pois grandes emissores como China, Índia, Estados Unidos e alguns outros países se recusaram a aceitar limites reais para suas emissões. O Brasil fez papel de bom mocinho nessa história: conseguiu o que queria e ainda deu a impressão de não querer o que queria.

Apesar de existir o risco de catástrofes ambientais, decorrentes de mudanças climáticas causadas pela ação humana, é importante lembrar que risco é risco e certeza é certeza. Mesmo uma probabilidade de 99,99% não é uma certeza. Então, às vezes, é bom você olhar criticamente o que vem sendo dito sobre mudanças climáticas.

É um truísmo (uma verdade óbvia) que o clima da Terra, na ausência de atividades humanas, na escala de séculos, sempre foi variável, pois está sujeito a muitas influências, inclusive astronômicas. Portanto, imaginar que o clima permanecerá sempre o mesmo é bobagem. Ele vai mudar. A questão é em que direção (esfriamento, aquecimento?) e quão rapidamente (anos, décadas, séculos?). Essas questões nós não sabemos responder.

É verdade também, talvez um pouco menos óbvia, que a escala das atividades humanas cresceu tanto desde a Revolução Industrial, que elas começam a impactar o meio ambiente de forma importante e, quase sempre, negativa. Entre essas atividades estão aquelas relacionadas com a produção, a transformação e o uso final da energia, seja para máquinas (eletricidade, combustíveis), seja para seres humanos (alimentos). Gases de efeito estufa, cujas concentrações têm aumentado de forma mensurável na atmosfera terrestre, emitidos em consequência dessas atividades humanas, são uma realidade física incontroversa. Os processos físicos microscópicos pelos quais as moléculas desses gases (principalmente CO_2, CH_4, NO_x) provocam mudanças na absorção e transmissão da radiação solar pela atmosfera são bem conhecidos. O fato de que essas mudanças afetam o clima é uma decorrência desses processos microscópicos. Até aqui, tudo bem. Entretanto, os modelos matemáticos que nos permitem estimar mudanças climáticas não são perfeitos e suas previsões estão sujeitas a muitas dúvidas. Os melhores cientistas que trabalham com eles sabem de suas deficiências, mas nem sempre conseguem transmitir para os leigos a cautela com que seus resultados devem ser tratados. A mídia, em geral, não está interessada em detalhes. Ela quer grandes notícias. Ademais, por ignorância de todos os efeitos que podem afetar o clima na escala de tempo de décadas e além, esses modelos são intrinsecamente incompletos. Muito trabalho ainda falta fazer para torná-los mais confiáveis e representativos da realidade. Porém, aqui entram algumas considerações não científicas.

A curiosidade sobre como será o futuro é parte inseparável da natureza humana. Imaginar o futuro e se preparar para eventualidades que possam colocar em risco nossas vidas são maneiras de tentar garantir a sobrevivência da espécie. É por isso que a humanidade sempre foi fascinada por profetas. Antigamente, os profetas (sempre barbudos) se comunicavam diretamente com Deus e anunciavam aos pecadores as punições que viriam como consequência de seus pecados. Bastava comparar as regras (p. ex., os dez mandamentos) com a prática para chegar à conclusão de que o mundo estava saindo dos eixos e se não houvesse mudanças de comportamento, a punição viria (pragas, pestilências, fome, derrotas nas guerras etc). Hoje em dia, os profetas conversam diretamente com computadores e as regras são ditadas pela ciência. Mas, a motivação ainda é a mesma dos profetas de antigamente. Ou a humanidade se emenda (corta emissões de efeito estufa), ou a punição virá (mudanças climáticas). Como a probabilidade de acontecerem coisas ruins é, em geral, maior do que a probabilidade de acontecerem coisas boas (há mais coisas ruins do que boas no mundo), a profissão de profeta é bastante segura. Ele pode não acertar em cada caso, mas sempre haverá uma catastrofezinha para a qual ele pode apontar como evidência de que está certo.

Mudanças climáticas virão, inevitavelmente, como mostra a história da Terra. Seria bom poder prevê-las com antecedência. Na impossibilidade de fazê-lo, ao menos você poderia garantir um bom emprego se for estudar mudanças climáticas. Mas, talvez, você prestasse um serviço maior à humanidade se fosse trabalhar nos desafios de produzir energias de fontes renováveis e de armazenar eletricidade.

2ª pausa
Fotossíntese

COMO AS PLANTAS CONVERTEM ENERGIA SOLAR EM ENERGIA QUÍMICA

Chegou a hora de descansar novamente entre dois capítulos, pois ninguém aguenta ficar lendo capítulo atrás de capítulo, não é? Nesta parada para descanso, vamos conversar sobre a fotossíntese. Não se preocupe e siga em frente. Algumas coisas você não vai entender na primeira leitura. Não desanime. Lembre-se de que um bom cientista não é aquele que entende tudo, mas aquele que não entende e procura entender. Às vezes leva anos para conseguir.

Fotossíntese é o nome dado pelos cientistas ao processo pelo qual várias espécies de bactérias, algas e plantas convertem energia solar em energia química. É o mais importante conjunto de reações químicas da Terra, pois a vasta maioria dos organismos vivos do Planeta depende dessa conversão para obter energia.

A fotossíntese é realizada por máquinas moleculares (chamadas *enzimas*), muitas das quais ainda não são completamente compreendidas. É uma área ativa de pesquisa, na qual Física, Química, Biologia, Informática e Engenharia se encontram.

Quimicamente, a fotossíntese pode ser resumida pela equação:

$$6CO_2 + 6H_2O + luz \rightarrow C_6H_{12}O_6 + 6O_2$$

Esta é uma versão muito simplificada do processo, mas contém os fatos básicos: dióxido de carbono e água são transformados em um carboidrato (glicose), com a emissão de oxigênio, e a luz provendo a energia necessária. A realidade é bem mais complicada do que isso – ainda bem, porque, de que outra forma os cientistas conseguiriam manter seus empregos?

Da mesma forma que os processos industriais, a fotossíntese também polui a atmosfera, pela emissão de O_2. Quando ela foi inventada, há vários bilhões de anos, como uma forma mais eficiente de capturar energia do Sol, a Terra era povoada por organismos anaeróbicos (que não necessitam de oxigênio para respirar), pois a atmosfera terrestre não continha oxigênio. Pois bem, a fotossíntese revelou-se tão eficiente como forma de capturar energia, que os organismos capazes de realizá-la derrotaram praticamente todos os outros. A poluição da atmosfera pelo oxigênio, por sua vez, foi tão intensa que os coitados dos anaeróbicos sobreviventes tiveram de se refugiar no fundo do lixão de São Paulo. Hoje é a vez de nossas máquinas poluírem a atmosfera com CO_2, ameaçando nossa sobrevivência.

A Terra tem água em abundância, e a atmosfera dispõe de um estoque importante, porém relativamente pequeno de CO_2. Para 70% de N_2 e 21% de O_2, ela contém menos de 0,04% de CO_2. A pequena parte de dióxido de carbono é boa, pois é com ela que as plantas vivem, e é ruim por causa do efeito estufa. Nada de novo: tudo que é bom é ruim, e tudo que é ruim é bom, como aquela fatia extra de bolo de chocolate, não? Aliás, o próprio efeito estufa é bom e ruim. Sem ele, a temperatura média da Terra seria de 15°C. Mas, em demasia, provocado pelo aumento da concentração de CO_2 na atmosfera, o efeito estufa é ruim. (O vapor d'água – mais uma vez a água! – é o grande contribuinte para esse bom efeito estufa.)

A pequena fração de CO_2 na atmosfera equivale a 3.000 gigatoneladas (3×10^{15} kg), ou se você preferir, três trilhões de toneladas. Uma forma equivalente de apresentar esse número é em termos da massa correspondente de átomos de carbono. Como a massa molecular do CO_2 é 44 e a do C, 12, a massa de C na atmosfera é 12/44 da massa de CO_2, isto é, cerca de 818 gigatoneladas.

Os organismos que realizam fotossíntese capturam parte do CO_2, tanto da terra quanto do mar. De especial interesse para nós é quanto é capturado por ano por organismos terrestres, inclusive pelas atividades agrícolas. Os cientistas medem a captura de carbono por um índice chamado de produtividade primária líquida. A média para a Terra é de 104,9 GtonC/ano, sendo 56,4 GtonC/ano capturadas por organismos terrestres e o restante, 48,5 GtonC/ano, por organismos marinhos. Como a área sólida, habitável, da superfície terrestre é bastante menor do que a área dos oceanos, esses números traduzem-se em densidades de cerca de 4,3 tC/(ha-ano) e 1,4 tonC/(ha-ano). Seria ótimo se esse carbono não voltasse à atmosfera, mas, a maior parte dele retorna, anualmente, como resultado da respiração de plantas e animais, que as consomem, e de incêndios florestais. Se todo mundo combinasse de parar de respirar por um ou dois anos, ajudaria bastante a reduzir a concentração de CO_2 na atmosfera. O autor sabe que a humanidade pode contar com sua boa vontade, mas, infelizmente, ainda sobram muitos organismos que não vão querer cooperar com essa proposta.

Agora que aprendemos os efeitos globais da fotossíntese, podemos começar a descer aos detalhes do processo. Ao final desta pausa, você vai conhecer os elementos básicos da reação química que garante a sua vida neste planeta. Para não estendermos demais, vamos tratar apenas da fotossíntese realizada por plantas. Os mecanismos moleculares que a realizam em outros organismos são mais ou menos os mesmos, mostrando que se trata, do ponto de vista da evolução, de um processo muito antigo (alguns bilhões de anos).

A estrutura da célula vegetal

A fonte de energia das plantas é o Sol, o único reator de fusão nuclear funcional nas vizinhanças da Terra. A maior parte da energia solar é processada na biosfera por processos físicos, e pouco mais de 0,3% dessa energia (cerca de 60 TW em 172.000 TW) é capturada por seres vivos. Mesmo sendo uma fração tão pequena, ela mantém a vida na Terra.

O que vamos fazer daqui para a frente é olhar o mecanismo da fotossíntese em escalas cada vez menores de comprimento: da folha até as moléculas.

Olhando para a fotossíntese na escala de milímetros, ela ocorre nas folhas. Você já viu uma folha e sua estrutura de veios, que servem para trazer água e nutrientes e levar de volta para a planta os produtos da fotossíntese.

Vista ao microscópio, na escala de alguns décimos de milímetro, a estrutura geral de uma folha se parece com a mostrada na Fig. 2.5. Duas estruturas são particularmente importantes: próximas à parte superior da folha (a mais exposta à luz) estão as chamadas células em paliçadas, que contêm os cloroplastos, onde se dá a fotossíntese. Na parte inferior, há aberturas microscópicas, chamadas estômatos, que a folha pode controlar para deixar admitir mais ou menos CO_2 e evaporar mais ou menos água.

Passando da escala do milímetro para a escala do micrômetro (milionésimo de metro), podemos ver os cloroplastos dentro da célula. Com o formato aproximado de uma lente, cerca de 5 a 10 mícrons de diâmetro e 2 a 4 mícrons de altura, cada cloroplasto é contido por duas membranas (externa e interna), pelas quais passam o CO_2 e produtos do metabolismo da célula, necessários para seu funcionamento, e saem o O_2 e os produtos da fotossíntese.

Luz

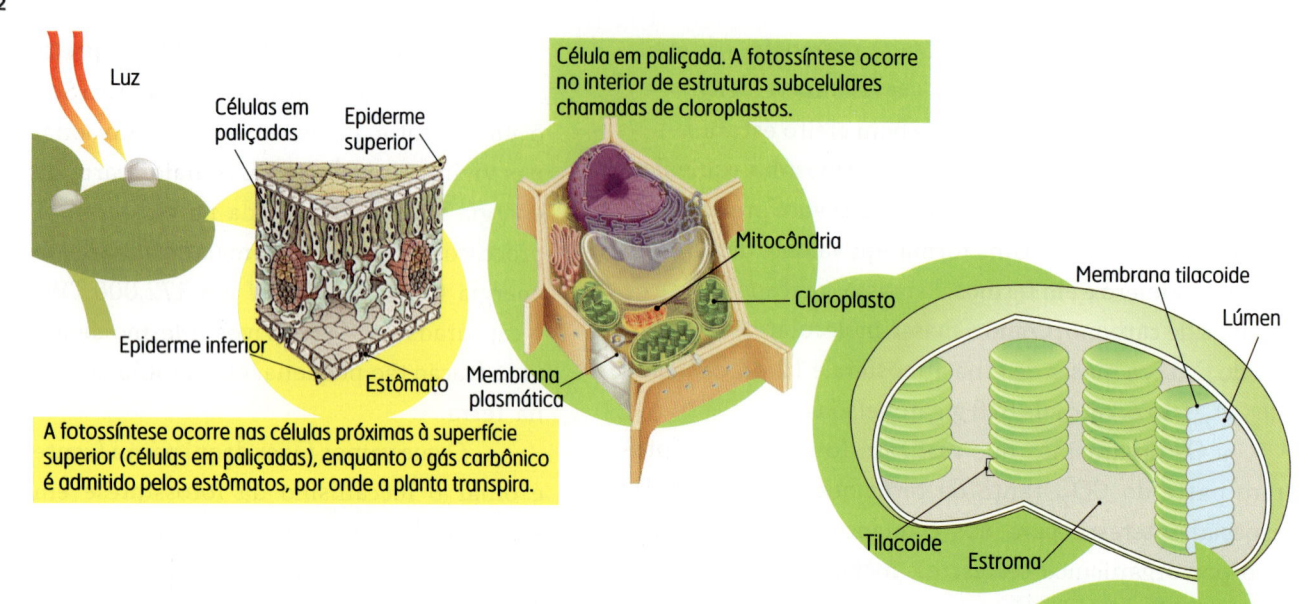

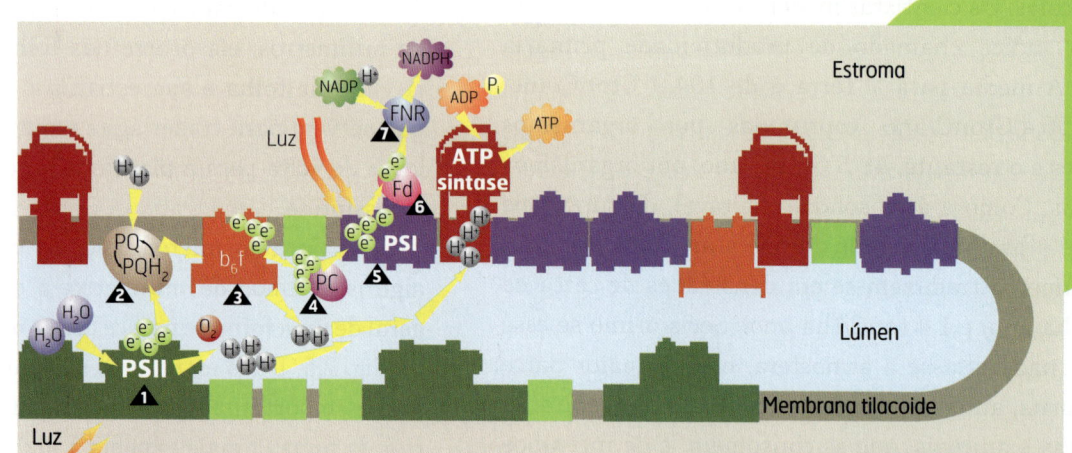

Células em paliçadas
Epiderme superior
Epiderme inferior
Estômato
Membrana plasmática

A fotossíntese ocorre nas células próximas à superfície superior (células em paliçadas), enquanto o gás carbônico é admitido pelos estômatos, por onde a planta transpira.

Célula em paliçada. A fotossíntese ocorre no interior de estruturas subcelulares chamadas de cloroplastos.

Mitocôndria
Cloroplasto

Membrana tilacoide
Lúmen
Tilacoide
Estroma

Modelo da membrana tilacoide com dimensões derivadas de modelos atômicos e dimensões de células de uma seção de microscópio eletrônico, com os elementos essenciais para a fotossíntese.

Da esquerda para a direita: (1) fotossistema II [PSII], onde se dá a hidrólise da água, energizada pela absorção da luz; (2) plastoquinona [PQ], que migra pela membrana, transferindo os elétrons extraídos da água para o (3) citocromo [b_6f], que os transfere para (4) moléculas de plastocianina [PC], que se difundem pelo lúmen até chegar ao (5) fotossistema I [PSI], onde os elétrons são novamente energizados pela luz e (6) transferidos para o estroma, (7), no qual reduzem moléculas de NADP+. Os vários prótons (H+) produzidos no processo de fotossíntese migram pelo lúmen até as ATP-ases, onde sua energia é usada para sintetizar moléculas de ATP.

Fig. 2.5 Mecanismo da fotossíntese

quadro 2.5 A FOTOSSÍNTESE

Vamos fazer uma descrição esquemática da fotossíntese, de acordo com a Fig. 2.5, que mostra os principais processos da fotossíntese em uma planta. Vamos descrevê-los de forma muito simplificada. Os detalhes, como você deve ter percebido, são incrivelmente complexos, muitos deles ainda assunto de discussões e investigações científicas.

A fotossíntese se dá em duas fábricas separadas: uma iluminada e a outra escura. Na iluminada, situada na membrana tilacoide e no lúmen, a luz solar é convertida em energia química. Na escura, onde a luz não é necessária, situada no estroma, a energia química é usada para extrair o carbono da atmosfera, a fim de incorporá-lo na matéria viva.

A fábrica iluminada consiste de dois departamentos: no primeiro deles, o PSII, a energia solar é usada para quebrar duas moléculas de água em uma reação que pode ser sintetizada como:

$$2\ H_2O + luz \rightarrow O_2\ (gás) + 4\ elétrons + 4\ prótons$$

No PSII (Fig. 2.6), um conjunto de "antenas", formado por moléculas de clorofilas, coleta a energia dos fótons incidentes, excitando elétrons, que são transferidos até o centro de reação, ao qual eles fornecem energia suficiente para quebrar duas moléculas de água, na reação já descrita.

Os elétrons gerados no PSII são transferidos através da membrana, por uma sequência de moléculas especializadas, até se incorporarem a uma molécula de plastoquinona. (Para saber o que acontece com os prótons, veja o Quadro 2.7.) Essa molécula viaja pela membrana, carregando os elétrons até o citocromo b_6f, de onde são transferidos para outra molécula, plastocianina, a qual viaja pelo lúmen até o complexo fotossintético PSI. Complicado, não? Por que a Natureza escolheu esse caminho, não sabemos. O que sabemos é que, apesar de sua complexidade, ele funciona, e funciona muito bem. É provável que a Natureza, tal qual um engenheiro, tenha experimentado muitas soluções possíveis para esse problema e, finalmente, resolveu ficar com a melhor daquele momento. E essa solução dominou todas as outras. Se há uma maneira mais simples e mais eficiente de realizar as mesmas operações, é uma questão fascinante para o cientista de amanhã, que vai descobrir a fotossíntese artificial e ajudar a resolver o problema de energia da humanidade.

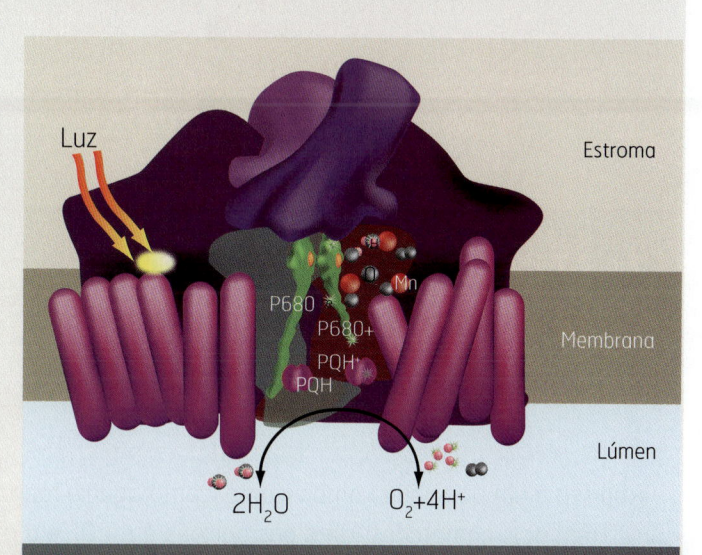

Fig. 2.6 Diagrama esquemático do complexo PSII

E o PSI? No complexo fotossintético, os elétrons recebem mais uma carga de energia, resultante da absorção de luz, e dois deles precisam ser transferidos através da membrana até o estroma, onde vão reduzir uma molécula da $NADP^+$, transformando-a, junto com um íon H^+, na molécula neutra de NADPH.

Os insumos da primeira fábrica da fotossíntese são água e energia solar. Seus produtos são dois tipos de moléculas: a ATP e a NADPH. Essa é a parte "foto" (luz) da fotossíntese. As reações restantes, a parte "síntese" (construção) da fotossíntese, não necessitam mais da energia solar. Elas usam apenas a energia química armazenada na ATP e os elétrons armazenados na NADPH.

As moléculas são transportadas para a segunda fábrica, onde elas fornecem o combustível e um insumo essencial, os elétrons energéticos. Essa segunda fábrica recebe um nome especial de "ciclo de Calvin-Benson", em homenagem aos cientistas Melvin Calvin e Andrew Benson, que, na década de 1950, foram os primeiros a entender como ela funciona. Além de moléculas de ATP (que fornecem energia)

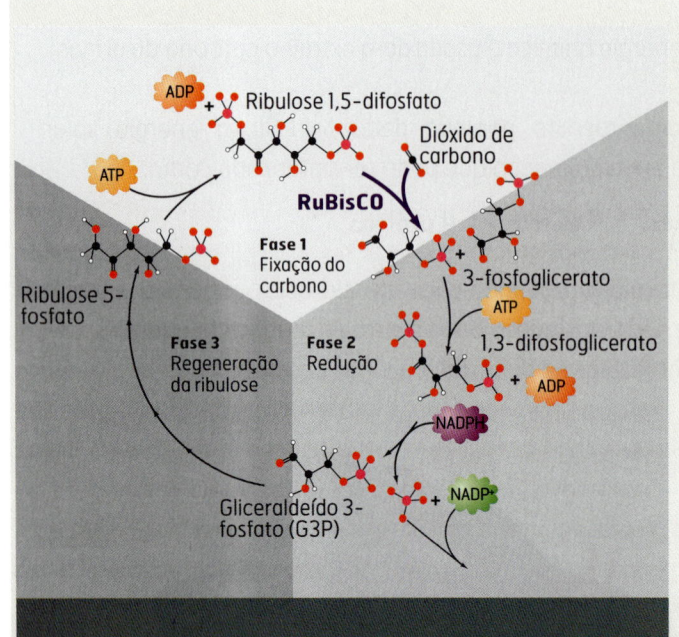

Fig. 2.7 Esquema do ciclo de Calvin-Benson, que ocorre no estroma, o ponto de partida da biossíntese de todos os componentes da planta

e NADPH (que fornecem elétrons), o ciclo de Calvin-Benson consome CO_2 e é operado por um robô molecular apelidado de Rubisco. Seu nome completo é ribulose 1,5-difosfato carboxilase/oxidase. Com um nome desses, não admira que ele prefira ser conhecido pelo apelido. O Rubisco é o robô molecular (os cientistas chamam de "enzimas") mais abundante na face da Terra (Fig. 2.7).

A segunda fábrica da fotossíntese possui três departamentos. Como eles funcionam em ciclo, podemos começar por qualquer um.

No primeiro, o Rubisco pega a molécula de ATP que veio da primeira fábrica, e o CO_2 mais uma proteína que se chama ribulose 1,5-difosfato, para produzir duas moléculas idênticas de 3-fosfoglicerato. Uma dessas moléculas é despachada para a célula, onde vai dar origem à biomassa por mecanismos metabólicos e de síntese que vão além dos limites de nossa discussão.

Rubisco é um pouquinho ambivalente, como aquele rapaz que tem duas namoradas ou aquela moça que tem dois namorados. Uma das paixões é o CO_2 e a outra é o O_2. A planta tanto pode consumir dióxido de carbono e produzir oxigênio, como pode consumir oxigênio e produzir gás carbônico, em um processo conhecido como fotorrespiração. Fotossíntese e fotorrespiração são, assim, dois processos exatamente opostos e concorrentes. Que o mesmo robô molecular seja responsável pelos dois é um mistério. A probabilidade de a segunda reação ocorrer é pequena, mas como a concentração de oxigênio na atmosfera é muito maior do que a de dióxido de carbono, a fotorrespiração acaba competindo com a fotossíntese quando a concentração de CO_2 é baixa, e, de certo modo, atrapalha o crescimento da planta. Ninguém sabe muito bem por que a fotorrespiração existe, mas presume-se que, quando a quantidade de oxigênio na atmosfera era muito pequena, ela não chegava a ser um problema. Como forma de vencer essa dificuldade, algumas plantas (conhecidas como C4) têm um processo especial de fixação do CO_2, que ocorre antes do ciclo de Calvin-Benson. Nesses casos, a planta possui um mecanismo concentrador de CO_2, o que garante uma presença maior desse gás dentro do estroma e, portanto, uma fotossíntese mais eficiente. A nossa amiga cana-de-açúcar, bem como o milho, são plantas C4, que crescem bem em ambientes quentes e secos. O arroz, coitado, não é uma planta C4, e muitos engenheiros genéticos estão trabalhando para produzir uma espécie de arroz capaz de imitar a cana. Isso traria enormes ganhos de produtividade na produção desse grão, um componente central da alimentação no mundo.

Os outros dois departamentos da segunda fábrica têm apenas uma finalidade: reconstituir a ribulose 1,5-difosfato que foi consumida na primeira seção. Dessa maneira, a planta garante um suprimento constante de matéria-prima para o ciclo de Calvin-Benson. Mas, entenda que isto não é nenhuma forma de "moto-perpétuo". O ciclo requer a injeção constante de energia sob a forma da molécula de ATP e de elétrons de alta energia entregues pela molécula NADPH. Na segunda parte do ciclo, uma molécula de ATP é "queimada" e um grupo fosfato é incorporado ao 3-fosfoglicerato, produzindo glicerato 1,3-difosfato. Então, o NADPH entra em cena e arranca um grupo fosfato do glicerato difosfato, transformando-o em gliceraldeído 3-fosfato.

Finalmente, no terceiro departamento da fábrica, duas moléculas de glicerato 3-fosfato passam por um processamento (complicado demais para este livro), energizado por mais moléculas de ATP, regenerando a ribulose 1,5-difosfato. Dessa maneira, a fábrica está pronta para funcionar novamente.

Esta é a história da fotossíntese, sem a qual nem você nem o autor e muito menos a berinjela estariam aqui.

quadro 2.6 ADENOSINA TRIFOSFATO

A adenosina trifosfato (Fig. 2.8), ATP para os íntimos, é a moeda energética da vida. Você, uma folha de alface e uma ameba são grandes usuários dessa molécula. Quando ela se parte em adenosina difosfato (ADP) e um grupo fosfato, disponibiliza cerca de 50 kJ por mol ou, se você preferir, 0,5 eV/molécula para outras reações químicas. A maior parte das transações energéticas realizadas pelos organismos vivos se dá na moeda da ATP, constantemente sintetizada e rompida (hidrolisada, como dizem os químicos) dentro das células. As 2.000 kcal que um ser humano precisa por dia para viver correspondem a 168 mols de ATP. Seu corpo sintetiza ATP à velocidade média de 2 milimols (1,2 x 10^{21} moléculas) por segundo! Cada mol de ATP pesa 507 gramas — faça as contas e você verá que você sintetiza seu peso em ATP a cada dia. Sem a síntese constante da ATP, seus neurônios, coitados!, morreriam em segundos, pois eles não têm grandes reservas da molécula. Se você corta o oxigênio para o cérebro, a síntese de ATP para e a morte cerebral ocorre rapidamente. Os músculos, que são mais inteligentes do que os neurônios (isto não é uma

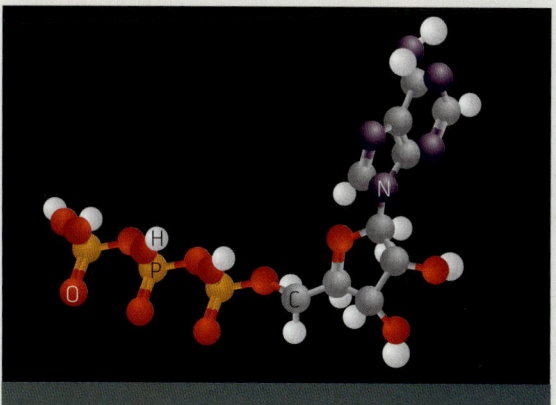

Fig. 2.8 Molécula de adenosina trifosfato. Os três grupos fosfato estão à esquerda

verdade geral, mas se aplica a muitos indivíduos), possuem uma certa reserva de ATP, que lhes permite operar por vários minutos, mesmo em condições anaeróbicas. É isto que permite a um corredor de 100 metros rasos correr. Mas um maratonista não sobrevive se as reservas de ATP não forem constantemente renovadas — é o chamado exercício aeróbico.

A mais interessante é a membrana interna, altamente estruturada, chamada membrana tilacoide, que separa o estroma e o lúmen, as partes líquidas do cloroplasto. Para vê-la, temos de ampliar ainda mais a magnificação do microscópio imaginário, e descer ao nível do nanômetro (bilionésimo de metro), pois sua espessura é de 3 a 4 nanômetros. Ela é organizada em estruturas que parecem bolachas superpostas, chamadas de "grana", e que se interligam por um pedaço mais aberto de membrana, chamado de "lamela estromal". Apesar de sua forma complexa, ela cumpre sua função de manter estroma e lúmen isolados um do outro, e é onde residem as máquinas moleculares que executam a captura da radiação solar. No estroma, parte líquida externa à membrana tilacoide, é que se dá a fotossíntese, isto é, a conversão de CO_2 em carboidratos. O lúmen é o líquido contido pela membrana tilacoide, e é na interface entre ele e essa membrana que a água decompõe-se em hidrogênio e oxigênio.

Antes de prosseguir, vamos lembrar que uma membrana celular, em geral, não é um objeto rígido, é mais parecida com uma bolha de sabão (apenas mais duradoura). Você já deve ter notado que a superfície de uma bolha de sabão não é estática, está sempre em movimento. As máquinas moleculares estão na membrana tilacoide, mas podem deslocar-se dentro dela, o que é necessário, entre outras razões, porque partes delas precisam ser reparadas frequentemente e sempre são levadas para conserto na oficina, em outra parte da membrana tilacoide.

O maquinário molecular da fotossíntese

Chegamos à escala máxima de magnificação do nosso microscópio, que nos permite ver as estruturas nanométricas e

quadro 2.7 AS MÁQUINAS MOLECULARES DA FOTOSSÍNTESE

A síntese e hidrólise da ATP é realizada por um complexo motor molecular que se parece, em muitos aspectos, com um motor elétrico industrial. Ele pode servir como exemplo de um nanomotor funcional para os nossos futuros engenheiros nanotecnológicos.

A ATP-sintase, ou ATP-ase para os íntimos, é uma macromolécula que atravessa a membrana tilacoide (vamos descrever a versão das plantas – veja a Fig. 2.9 –, mas o motor molecular é mais ou menos o mesmo em todos os organismos vivos). Ela se situa nas lamelas estromais, e é tão importante que tem seu próprio site na internet: <www.atpsynthase.info>. (A Fig. 2.9 mostra a macromolécula.)

A ATP-ase é formada por um rotor cilíndrico, imerso na membrana, um eixo assimétrico, uma cabeça de simetria tripla, formada por dois tipos de moléculas, e um estator, que une os dois corpos principais da ATP-ase.

Um fluxo de íons H^+ (prótons), da hidrólise da água no PSII, faz com que o rotor gire, abrindo e fechando sítios catalisadores na cabeça da macromolécula, onde se dá a síntese da ATP. O mecanismo preciso ainda não foi totalmente elucidado, mas, na internet (www.atpsynthase.info/Gallery.html), você encontra belas animações e diagramas que ilustram o que sabemos sobre o processo.

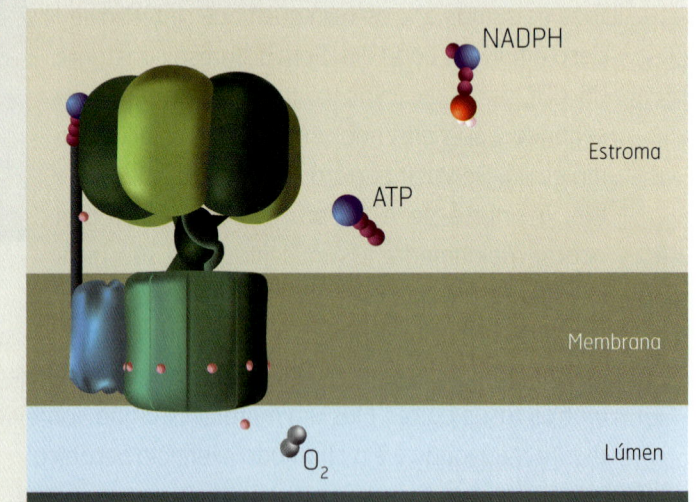

Fig. 2.9 Representação esquemática da ATP-ase. A descoberta do mecanismo de funcionamento da ATP-ase rendeu a Paul D. Boyer e John D. Walker o Prêmio Nobel de Química em 1997

subnanométricas que formam o complexo maquinário da fotossíntese.

A Fig. 2.5 mostrou a distribuição dessas máquinas moleculares na membrana tilacoide. Essas máquinas são chamadas de PSII (nada a ver com o Playstation 2 – PS, nesse caso, significa *photo(synthetic) system* ou fotossistema II), PSI (fotossistema I), citocromo b_6f, a ATP-sintase, e moléculas necessárias para o transporte de produtos e ativação de reações, como plastoquinona, plastocianina, ferredoxina (Fd) e a enzima ferredoxina redutase (FRN). Algumas outras moléculas são muito importantes: a adenosina trifosfato (ATP) e sua companheira, adenosina difosfato (ADP); e a nicotinamida adenina dinucleotídeo fosfato, $NADP^+$ ou NADPH, na sua versão neutra, quando combinada com um próton e dois elétrons. Se você ainda está lendo, com tanta complicação, tenha mais um pouquinho de paciência. A fotossíntese é uma reação complicada. Tão complicada que, até hoje, com toda a nossa tecnologia, não conseguimos chegar nem perto de um processo tão eficiente para converter luz solar em energia química. É um dos fenômenos mais bonitos da Natureza.

Clorofila e Caroteno

Nos complexos PSII e PSI há duas moléculas importantes que absorvem a luz: clorofila e caroteno (elas não são as únicas, mas neste livro, podemos nos limitar a elas).

A absorção da luz por uma clorofila de um centro coletor de luz (Fig. 2.10) energiza um elétron que é trans-

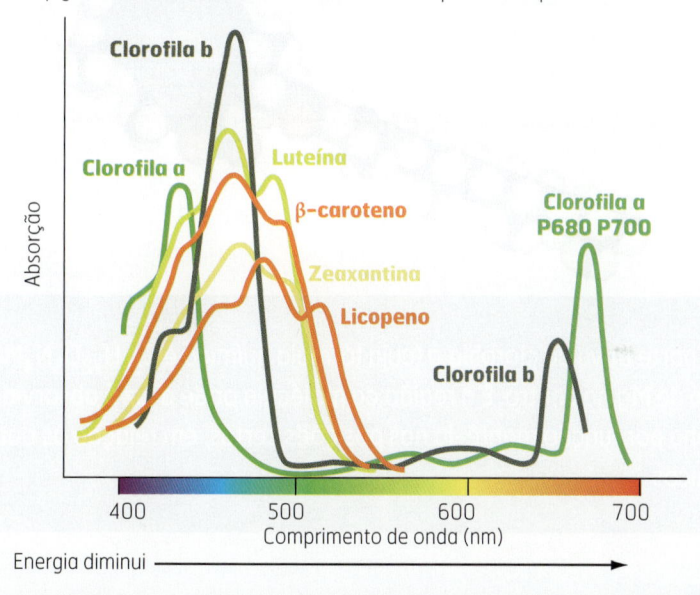

Fig. 2.10 O diagrama mostra a absorção da luz por dois tipos de clorofila mais comuns (*a* e *b*). Existem duas dezenas de versões da clorofila espalhadas pelo mundo, em plantas e bactérias, que diferem entre si em alguns detalhes, mas a clorofila *a* é a mais comum. A absorção concentra-se em comprimentos de onda menores de 500 nm e maiores de 600 nm. (Lembre-se de que o comprimento de onda da luz verde é de cerca de 550 nm.) Ou seja, as clorofilas absorvem no azul/violeta e no vermelho e deixam passar o verde. É isto que dá a cor das folhas. O betacaroteno absorve apenas comprimentos de onda menores de 550 nm, ou seja, boa parte da faixa verde e toda a faixa azul do espectro. Essa molécula está presente em alta concentração na cenoura e lhe dá sua cor característica.
Fonte: <http://plantphys.info/plant_physiology/lightrxn.shtml> (Ross Koning - rkoning@snet.net - Eastern Connecticut State University).

ferido, por meio de outras clorofilas, até os centros de reação do PSII e PSI. No PSII, esse elétron ajuda a hidrolisar a água, enquanto no PSI, ele reduz o NADP⁺. A clorofila tem, assim, três principais funções: absorver luz, transferir a energia absorvida até o centro de reação e doar e aceitar elétrons. É uma das moléculas mais úteis que circulam por aí. (Fig. 2.11.)

A função do caroteno é um pouco diferente. Como a insolação sobre a planta varia muito – dia e noite, sol direto e sombra –, o caroteno toma conta do excesso de luz solar, evitando que uma intensidade excessiva de iluminação destrua o delicado sistema fotossintético. Ele funciona como um protetor solar do processo fotossintético, dissipando o excesso de radiação sob a forma de calor.

Como fã de Darwin, você pode até se perguntar por que uma raiz como a cenoura precisa ser colorida. Quem vai ver a cor de uma raiz? O ancestral selvagem da cenoura era uma raiz como qualquer outra, de cor de terra. Entretanto, com a domesticação da planta, os cultivadores foram selecionando cenouras coloridas, o que, sem eles saberem, implicava aumentar as concentrações de betacaroteno, que é uma molécula benéfica para nós, pois o nosso metabolismo extrai dela a vitamina A (Fig. 2.12).

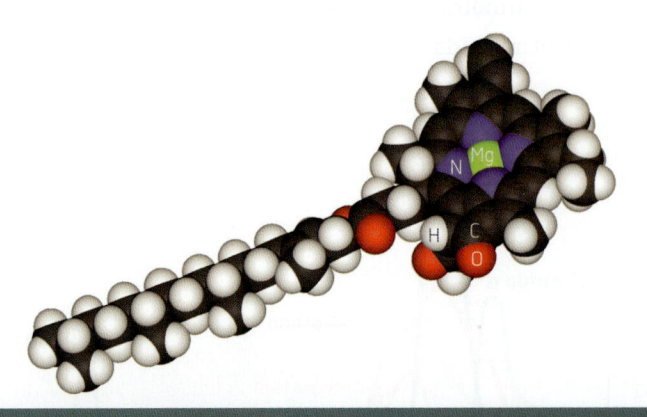

Fig. 2.11 Clorofila *a*. A parte ativa da clorofila *a* (cuja fórmula química é $C_{55}H_{72}O_5N_4Mg$) é o anel de porfirina que contém um átomo de Mg no centro. É a região da molécula onde a luz é absorvida. Supõe-se que sua longa "cauda" tenha por função mantê-la nas posições certas, em relação às outras moléculas, nos complexos fotossintéticos

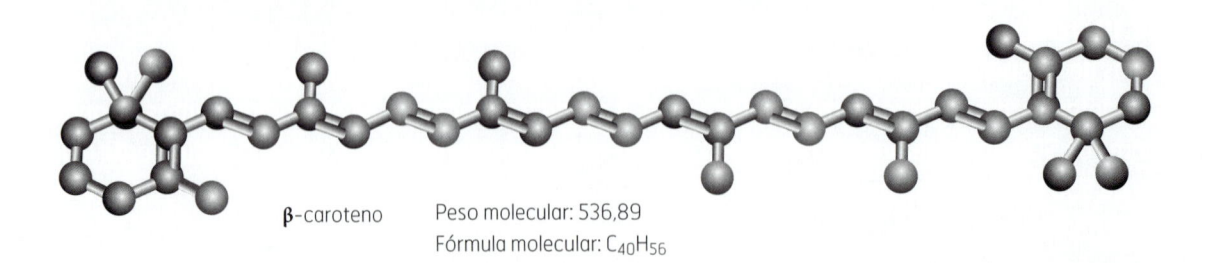

β-caroteno Peso molecular: 536,89
Fórmula molecular: $C_{40}H_{56}$

Fig. 2.12 Estrutura do betacaroteno

quadro 2.8 Estrutura atômica do PSII

Para entender a fotossíntese, é preciso aumentar ainda mais a magnificação do nosso microscópio, para ver os átomos e estudar suas reações químicas. Esse é um programa de pesquisa em andamento. Por isso, não existem ainda respostas definitivas para muitas das perguntas fundamentais, como, por exemplo, exatamente de que forma se dá a hidrólise da água no PSII?

Uma das técnicas usadas pelos cientistas para entender as estruturas atômicas das máquinas moleculares da fotossíntese é a difração de raios-X. Na Fig. 2.13, vê-se um resultado recente para o PSII de uma planta de ervilha, apenas para aguçar a sua curiosidade. Muitos cientistas brasileiros usam as instalações do Laboratório Nacional de Luz Síncrotron/LNLS (www.lnls.br), em Campinas (SP), para realizar experimentos semelhantes a esse.

No campus do LNLS, o recém-criado Centro de Ciência e Tecnologia do Bioetanol irá estudar a fotossíntese da cana-de-açúcar, criando oportunidades de trabalho para jovens cientistas interessados nesse grande tema científico. Você não quer ser um deles?

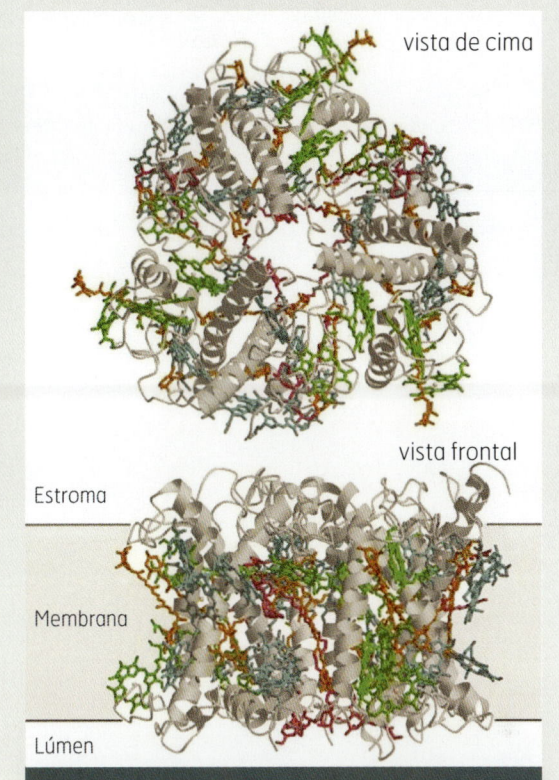

Fig. 2.13 Estrutura atômica do complexo PSII de uma planta de ervilha obtida por difração de raios-X. Em cinza: polipeptídeos que dão a estrutura do complexo. Em azul: clorofila a. Em verde: clorofila b. Em laranja: carotenoides. Em violeta: lipídeos.
Fonte: J. Standfüss et al. *The EMBO Journal*, v. 24, p. 919-928, 2005.

A tecnosfera

O quarto elemento dos gregos era o fogo. A tecnosfera é o domínio do fogo. Em contraste com a biosfera, que é o mundo natural, a tecnosfera é o mundo artificial, construído pelo ser humano para tornar sua vida... digamos, mais fácil. A primeira coisa que nos vem à mente, quando falamos de tecnosfera, são as máquinas que movimentam a civilização industrial. A tecnosfera possui vários tipos de habitantes: os motores e turbinas (com todos os equipamentos que os utilizam); as máquinas de comunicação (rádios, TVs, telefones); e as máquinas de processamento de dados (microprocessadores, computadores). Os motores e as máquinas de comunicação são cada vez mais comandados por microprocessadores e computadores, máquinas da terceira categoria, em um esforço para dar alguma inteligência aos habitantes da tecnosfera. Não podemos esquecer também todos os equipamentos de iluminação e os que tornam nossos ambientes mais confortáveis, como aquecedores e condicionadores de ar. Mas o mundo artificial é muito mais amplo. Um comprimido de aspirina, por exemplo, é uma ferramenta molecular muito simples, que o ser humano descobriu para atuar em seu corpo, reduzindo dores e febre. Ela é produzida em uma fábrica e, por isso, é integrante da tecnosfera.

Você é capaz de pensar em mais habitantes da tecnosfera, inclusive os mais recentes habitantes híbridos, produtos da engenharia genética, como ratinhos de laboratório com DNA modificado, meio seres vivos, meio máquinas projetadas. Isso mostra que as distinções entre biosfera e tecnosfera são difíceis de estabelecer e ficarão cada vez mais difíceis de identificar. Vai chegar o dia em que um DNA será projetado para produzir um organismo totalmente novo, pois já existe tecnologia para projetar e construir um DNA artificial. O que ainda sabemos muito imperfeitamente é como a informação contida na sequência genética se correlaciona com as propriedades desejadas do organismo.

Todo sistema construído pelo ser humano para a produção e transformação de energia (um poço de petróleo, uma refinaria, uma usina hidrelétrica etc.) qualifica-se como habitante da tecnosfera. Neste capítulo, vamos aprender um pouco sobre a energia na tecnosfera, do mesmo modo que aprendemos sobre energia na biosfera.

3.1 O FOGO: ENERGIA NO MUNDO

Vamos aprender quanta energia é produzida. O ponto importante é que mais de 80% da energia produzida hoje no mundo é de origem fóssil: carvão, petróleo e gás natural. Assim, a estrela deste capítulo são as energias fósseis. Nos próximos capítulos, iremos olhar as outras possibilidades para o futuro.

Uma forma prática de aprender sobre energia é olhar o Balanço Energético Nacional. No Brasil, esse balanço está na internet (www.epe.gov.br). O que vamos apresentar aqui é uma versão simplificada para o mundo e para nosso país.

Os grandes números

A Fig. 3.1 apresenta o suprimento de energia primária (ver Quadro 3.1) total no mundo, nos anos de 1973 e 2005. Nesse período de 32 anos, o suprimento de energia primária cresceu de 6.100 milhões de tep (toneladas equivalentes de petróleo), ou 257 EJ (exajoules ou quintilhão de joules) para 11.400 milhões de tep, ou 479 EJ. Em 1973, petróleo, carvão e gás natural correspondiam a 86,6% da oferta total de energia primária. Trinta e dois anos mais tarde, esse porcentual era um pouco menor: 81%. Se a participação do petróleo caiu de 46% para 35%, em contrapartida, as participações do carvão e do gás cresceram. Entretanto, o consumo total de petróleo, que era de 2.800 milhões de tep em 1973, cresceu para 4.000 milhões de tep em 2005, ou seja, uma redução porcentual não significa necessariamente uma redução em valores absolutos.

Podemos facilmente converter esses valores de energia em valores para potência, dividindo a energia pelo número de segundos em um ano, e descobrimos que, em 2005, a oferta de potência primária no mundo foi de 15,2 TW (trilhões de watts), dos quais 12,3 TW de fontes fósseis; 1,5 TW de fontes renováveis, resíduos e lixo; 0,96 TW de nuclear (mas apenas 0,32 TW de eletricidade nuclear, por causa das perdas de conversão); e 0,33 TW de hidroeletricidade. A potência da radiação solar incidente sobre a Terra é mais de dez mil vezes superior ao total da potência primária ofertada na tecnosfera em 2005. Isso mostra o quanto a tecnosfera ainda é pequena em relação à biosfera. Mesmo assim, já causa estragos. É por isso que os adoradores do Sol têm tanta fé em que a melhor solução para os problemas energéticos da espécie humana está no desenvolvimento de tecnologias capazes de aproveitar de forma regular a potência solar. Até chegar lá, precisamos aprender a gerar dezenas de TWs. Um desafio muito grande, pois todas as usinas hidrelétricas do mundo, somadas, chegam a mero 1/3 de TW, ou seja, quase 40 vezes menos do que a potência de fontes fósseis.

E como se situa o Brasil, no mundo, em matéria de energia? A Fig. 3.2 apresenta o balanço energético nacional para o ano de 2007.

No Brasil, como no resto do mundo, o petróleo domina: 35% no mundo, 36,7% no Brasil. No que concerne às outras fontes primárias, o Brasil é uma exceção entre os países desenvolvidos e em desenvolvimento: usa pouco carvão (seu carvão é de péssima qualidade) e gás natural (até recentemente, a Petrobras não tinha muito interesse em explorar o gás natural). A cana-de-açúcar e a biomassa são muito importantes no Brasil, respondendo por cerca de um terço da oferta primária de energia. Se adicionarmos a hidroeletricidade, o Brasil atinge um patamar de quase metade da sua oferta primária de energia de fontes renováveis, o que o torna um dos países mais "limpos" em termos energéticos do mundo.

Em valores absolutos, a oferta primária de energia (potência) no Brasil, em 2007, foi de 10 EJ (0,3 TW). Em números redondos, o Brasil é responsável por 2% da oferta primária de energia no mundo. Como a população brasileira representa cerca de 2,8% da população mundial, vemos que o Brasil está abaixo da média mundial em termos de oferta primária de energia por habitante. Para estar na média mundial, o Brasil deveria produzir 14 EJ de energia primária. Esse déficit mostra que nosso país ainda é pobre e precisa produzir mais energia para se desenvolver.

O futuro

As taxas históricas de crescimento da oferta de energia primária no mundo, entre 1973 e 2005, foram de 2% ao ano. Muita coisa aconteceu nesse período. Houve dois choques do petróleo (ver Quadro 3.1), a antiga União Soviética e o comunismo russo acabaram, houve guerras e recessões econômicas e, apesar de tudo, a oferta e a demanda de energia continuaram crescendo. Nos próximos 30 anos, haverá também muita confusão no mundo; mas, exceto por uma grande catástrofe, muito provavelmente a oferta de energia primária continuará crescendo, porque a tecnosfera continuará a expandir-se. Se a mesma taxa histórica se mantiver, dentro de 30 anos a humanidade vai produzir quase o dobro do que produz hoje: cerca de 890 EJ, ou 28 TW de potência. Nas próximas três décadas, a humanidade terá de gerar fontes primárias adicionais, cuja potência total

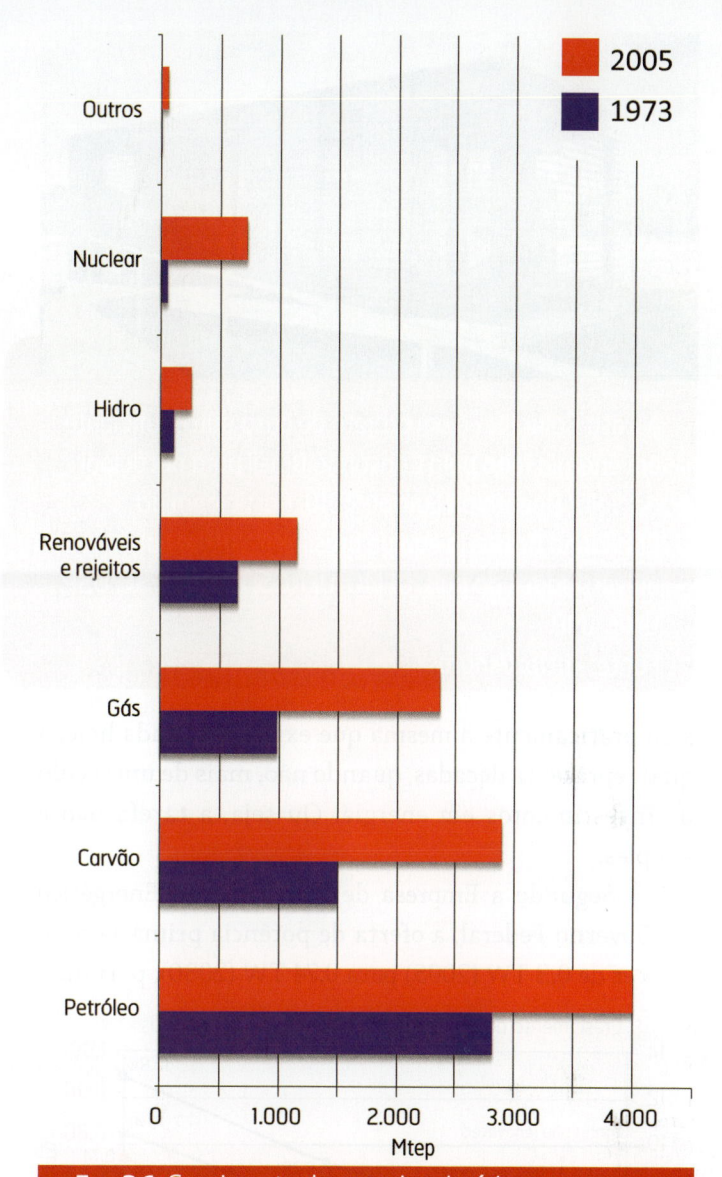

Fig. 3.1 Suprimento de energia primária

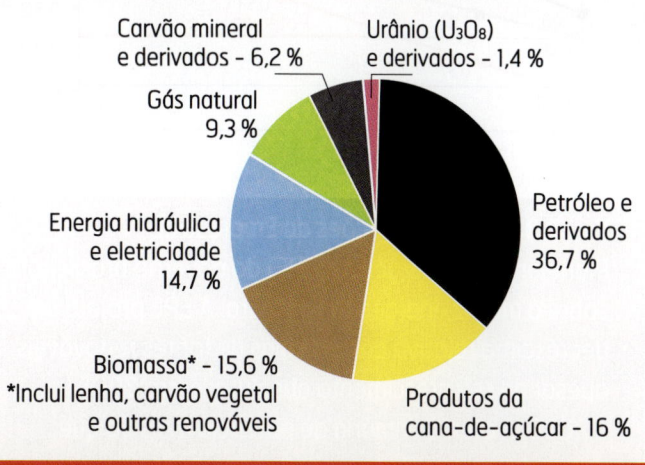

Fig. 3.2 Balanço energético nacional

A Casa Solar Flex é um projeto de casa autossuficiente em energia feito pelo Consórcio Brasil para participar do Solar Decathlon Europe 2010. Participam do Consórcio Brasil – a equipe brasileira – estudantes de seis universidades do país: UFMG, UFRGS, UFRJ, UFSC, USP, UNICAMP.
Fonte: <http://sdbrasil.org>.

será praticamente a mesma que existe instalada hoje, a qual representa décadas, quando não, mais de um século de investimentos em energia. Ou seja, a tarefa não é simples.

Segundo a Empresa de Planejamento Energético do Governo Federal, a oferta de potência primária deve crescer de 0,3 TW (2005) para 0,74 TW (2030); portanto, mais do que o dobro (Fig. 3.3). O Brasil tem de crescer mais rapidamente do que a média mundial se quiser alcançar a oferta *per capita* (por habitante) média do mundo. Tanto no mundo como no Brasil, o cenário para as próximas décadas é de crescimento da oferta de energia primária.

Como vimos no Cap. 1, se quisermos estabilizar a concentração de CO_2 na atmosfera, não será possível crescer apenas expandindo a oferta de energia fóssil. Será necessário expandir as energias "limpas", isto é, que não emitem quantidades significativas de CO_2 em seu ciclo de vida.

3.2 Energias fósseis

Petróleo, carvão e gás natural: as grandes fontes primárias de energia. Quanto existe e quando acaba?

A essa altura, você viu como as energias fósseis dominam a oferta de energia primária no mundo. Em 2005, petróleo, carvão e gás natural representaram mais de 80% da oferta primária de energia, porcentual que não se alterou muito desde meados do século XX. Países em desenvolvimento, como o Brasil, reproduziram, com algumas décadas de atraso, o mesmo fenômeno observado nos países desenvolvidos: a crescente participação das energias fósseis na oferta de energia primária. A Fig. 3.4 mostra a evolução das contribuições das várias fontes primárias em nosso país, na segunda metade do século XX.

Observe que, em 1950, cerca de 3/4 da energia brasileira eram providos por lenha! Foi apenas na década de 1970 que o petróleo tornou-se mais importante para o Brasil do que a lenha, como forma de energia primária. O crescimento do uso do petróleo, aqui como em outros países, coincide com o desenvolvimento da indústria automobilística e do transporte baseado no

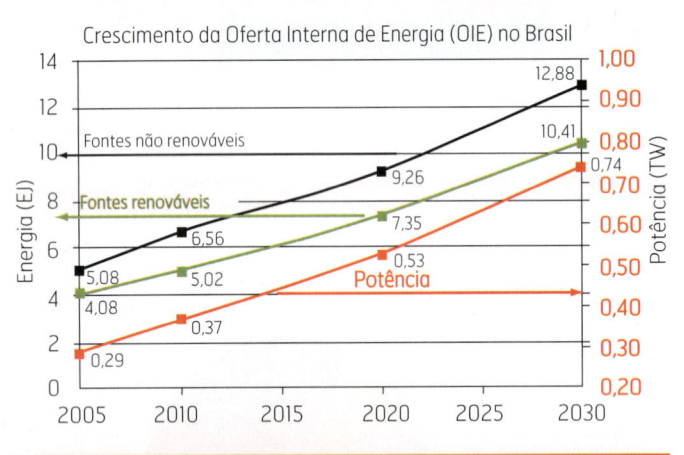

Fig. 3.3 Dados e projeções da Empresa de Planejamento Energético (EPE) do governo brasileiro sobre a matriz energética brasileira. A EPE projeta um decréscimo relativo das energias de fontes renováveis, apesar de seu crescimento absoluto, entre 2005 e 2030. A oferta primária de potência mais do que dobrará nesse período

quadro 3.1 Um pouco de história – os "choques" do petróleo

Dois eventos mudaram a história do petróleo no mundo, e os dois tiveram um grande impacto sobre o Brasil. Eles aconteceram antes de você nascer (a menos que você tenha mais de 30 anos) e, portanto, podem lhe parecer totalmente irrelevantes. Porém, nada que trate de energia será irrelevante para a sua vida neste século XXI. Vale a pena prestar atenção nesta história.

O primeiro choque do petróleo data de outubro de 1973, precipitado pela chamada guerra do *Yom Kippur*, iniciada quando, em 6 de outubro de 1973, no meio do feriado mais importante do calendário judaico, Egito e Síria lançaram um ataque maciço contra Israel. Como você sabe, árabes e judeus estão brigando no Oriente Médio desde a criação do Estado de Israel (1948). E a Arábia Saudita, o Kuwait, o Iraque, todos países árabes, detêm grandes reservas de petróleo. A Arábia Saudita, em 1973, produzia 8,4 milhões de barris por dia e era responsável por 21% do petróleo exportado no mundo. Nessa época, os poços dos Estados Unidos, que haviam sido um grande produtor de petróleo, esgotavam-se e ficaram sem capacidade de atender à demanda do país, muito menos de suprir outros países. A guerra com Israel foi o pretexto perfeito para os árabes tirarem do coldre a arma do petróleo. Primeiro, a Organização dos Países Produtores de Petróleo (OPEP) aumentou o preço em 70%. Logo após, os grandes produtores decidiram reduzir a produção, cortando o suprimento para os países que apoiavam Israel (leia-se Estados Unidos), em um embargo inesperado. Pronto, estava armada a confusão. Para você ter uma ideia do tamanho dessa confusão, em 1970 um barril de petróleo era vendido a US$ 1,80. Em meados de 1973, antes da guerra, o preço era de US$ 2,90. Em outubro, tinha passado a US$ 5,12. E, em dezembro, ainda em meio ao embargo, o preço estava em US$ 11,65. O embargo persistiu até março de 1974, mas a política do petróleo havia mudado para sempre.

Em 1973, a oferta de energia primária no Brasil era de 3,44 EJ, pouco mais de 82 milhões de toneladas equivalentes de petróleo (tep). Desse total, 35 milhões de tep eram de petróleo importado, e a produção nacional não chegava a 8,5 milhões de tep. O petróleo tinha de ser pago em dólares, uma moeda escassa no País naquela época. O resultado foi uma brutal crise econômica. Mas, como mesmo as coisas ruins têm algum lado bom, a ditadura militar começou a cair no primeiro choque do petróleo, pois o chamado "milagre" econômico brasileiro começou a desintegrar-se quando o preço do petróleo foi multiplicado por 4, em 1973. Por outro lado, duas iniciativas importantes foram tomadas no governo do Presidente Geisel (1974-1978): a criação do Pró-Álcool, o programa do etanol de cana-de-açúcar, cujo objetivo era substituir o combustível fóssil importado por um combustível de fonte renovável produzido no Brasil. A outra foi o grande impulso dado à Petrobras (Geisel havia sido presidente da estatal) para a prospecção de petróleo. Trinta e três anos mais tarde (2006), a oferta interna de energia no Brasil era de 226 milhões de tep, e o Brasil produzia 89 milhões de tep (dez vezes mais do que em 1973) e importava apenas 17 milhões de tep de petróleo (a metade de 1973). No mesmo ano, os produtos da cana contribuíam 35 milhões de tep para o balanço energético nacional *versus* 4,6 milhões em 1973. Em termos relativos, a importação de petróleo em 1973 representava 43% da oferta interna de energia brasileira, enquanto a produção nacional era pouco mais de 10%, e os produtos da cana, da mesma forma, pouco mais de 10%. Em 2006, a importação de petróleo respondia por 7,5%, a produção nacional por 39% e os produtos da cana por 16% da oferta interna de energia! Você nunca tinha pensado que uma guerra no Oriente Médio pudesse ter tantas consequências aqui no Brasil, não é?

Ao final do primeiro choque, a situação estratégica do Oriente Médio tinha mudado muito pouco, pois Israel continuava a potência militar dominante na região. O segundo choque do petróleo foi muito diferente.

> De certo modo, continua até hoje, como uma doença crônica que, de tempos em tempos, manifesta-se de forma mais virulenta. Começou com a queda do Xá do Irã, em 1979. Uma revolução popular, conduzida por clérigos islâmicos, conseguiu, depois de muitas confusões, depor o governo iraniano. Uma dessas confusões foi a suspensão total da produção de petróleo pelo Irã, durante muitos meses, com a consequente instabilidade dos preços. Em poucas semanas, como em 1973, o preço foi multiplicado por três. Em 1981, o Iraque invadiu o Irã, por considerar o país enfraquecido pela crise interna e, encorajado pelos Estados Unidos (sim, Saddam Hussein foi uma criatura americana), iniciou uma guerra que duraria anos, mataria muita gente e reduziria a produção de petróleo. Em 1991, houve a guerra do Golfo, quando a invasão do Kuwait pelo Iraque provocou uma interrupção temporária, mas importante, da produção. Em 2003, os Estados Unidos invadiram o Iraque para depor o seu antigo aliado e grande amigo. (Evite amizades com gente mais poderosa do que você!) O resto, você pode ler nos jornais; ou esperar alguns anos e ler nos livros de história sobre o terceiro choque do petróleo. Felizmente, o Brasil hoje está mais bem preparado do que há 30 anos para enfrentar dificuldades com o suprimento do petróleo.

motor de combustão interna. Assim como a máquina a vapor, no século XIX, exigiu a exploração crescente das minas de carvão, o motor a explosão interna no século XX criou a indústria da exploração e refino do petróleo. O que distingue o Brasil do resto do mundo é a importância de uma única planta, a cana-de-açúcar, na matriz energética nacional. Em 2000, cana e petróleo competiam para ver quem fornecia mais energia primária para o Brasil.

Vamos nos restringir aqui às fontes fósseis, que têm duas características: elas são não renováveis e seu uso, ao menos com as tecnologias existentes, aumenta a concentração de CO_2 na atmosfera.

Os combustíveis fósseis são considerados fontes não renováveis porque sua produção, a partir de matéria orgânica enterrada, levou milhões de anos. A era carbonífera, que durou cerca de 60 milhões de anos e acabou há 300 milhões de anos, foi um período em que o acúmulo de material vegetal em condições climáticas favoráveis levou à formação dos grandes depósitos de carvão que hoje exploramos.

Quando se trata da formação das energias fósseis, a expressão "milhões de anos" sempre aparece. Pense um pouco no que é um milhão de anos. Se um ano durasse apenas um breve segundo, um milhão de anos durariam onze dias e meio. Trezentos milhões de anos durariam nove anos e meio! Milhões de anos são intervalos de tempo tão longos que desafiam nossa imaginação! Quando a humanidade queima combustíveis fósseis, ela queima uma riqueza energética acumulada durante muito tempo. Com a nossa dificuldade em imaginar esses tempos geológicos, não percebemos o que está ocorrendo com o uso dessas energias.

Falamos em toneladas de carvão, milhões de barris de petróleo, milhões de metros cúbicos de gás natural, mas a maior parte das pessoas nem se dá conta do tempo que foi necessário para produzir essas fontes de energia. Isso significa que, como todo recurso natural, as energias fósseis existem em quantidades finitas na Terra.

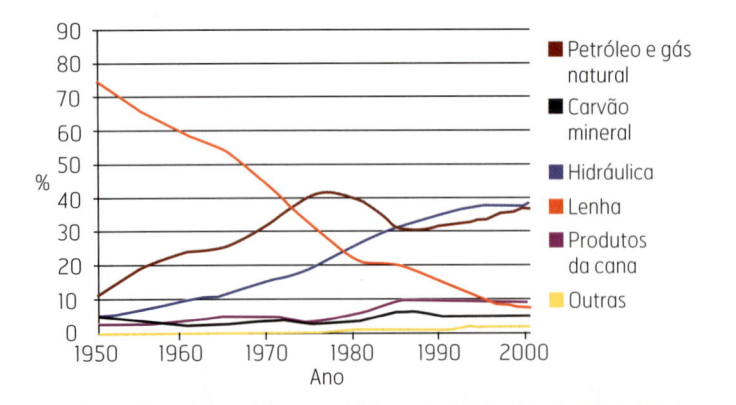

Fig. 3.4 Evolução das fontes primárias no Brasil

Elas não vão durar para sempre. Como a Terra é apenas um pequeno planeta, todos os recursos que ela nos oferece são finitos. Entretanto, alguns, como a água, podem ser usados continuamente e não precisamos ter medo de que vão acabar. Já outros, como o carvão, quando usados, deixam de ser carvão. A energia que esse recurso tinha para oferecer foi transformada em alguma outra forma de energia, e o resíduo não serve para mais nada, ao menos do ponto de vista energético. É nesse sentido que você deve entender que, apesar de tudo ser finito na Terra, algumas coisas nós só podemos usar uma vez e, portanto, saber quanto existe delas é importante.

O fato de a maior parte das fontes fósseis estarem escondidas debaixo da terra – ou debaixo da terra que está debaixo do mar – faz com que não sejam muito fáceis de encontrar. E, quando elas são encontradas, nem sempre á fácil extraí-las ou saber exatamente em que quantidade elas existem. Como essas fontes representam muita riqueza, a forma de sua contabilização é sempre controversa, e alguns países nem divulgam suas estimativas, ou as manipulam ao sabor de seus interesses políticos. A maior parte das empresas, inclusive a Petrobras, tratam esse assunto como altamente confidencial e só liberam as informações que são comercialmente interessantes para elas. Portanto, saber quanto existe de petróleo no mundo não é fácil, porque a quantidade disponível depende, também, de quanto você está disposto a pagar e das tecnologias de exploração existentes.

Os especialistas costumam classificar a abundância de fontes fósseis em *reservas* e *recursos*. *Reservas* são as quantidades possivelmente recuperáveis com as tecnologias disponíveis e a custos que o mercado aceita pagar. *Recursos* são as quantidades para as quais não existe tecnologia de exploração ou as tecnologias impõem custos inaceitáveis. Além disso, as reservas e os recursos são divididos em três categorias: provadas, prováveis e possíveis, dependendo do grau de certeza sobre sua disponibilidade. As reservas provadas têm 90% de probabilidade de existir e serem extraídas. As prováveis são aquelas cuja probabilidade de existir é de 50%. Finalmente, as possíveis possuem 10% de probabilidade de existir, o que não é muito. É bom não esquecer que, em média, menos de 60% do petróleo consegue ser extraído dos poços com as tecnologias existentes, e varia muito de poço para poço, mas se situa numa faixa de 15% a 75%. Isto porque o petróleo não existe normalmente sob a forma de reservatórios subterrâneos, como água em uma cisterna, mas em pequenas fissuras de rochas, a maior parte das quais microscópicas.

Os recursos ainda são classificados em uma quarta categoria adicional: não descobertos, ou seja, os recursos cuja existência pode ser estimada a partir de dados geológicos ou de outra natureza. Naturalmente, nessa categoria pode entrar (e sair) praticamente qualquer número, apesar de pesquisadores sérios tentarem sempre fundamentar cientificamente suas conclusões.

Quando você for discutir fontes fósseis de energia, lembre-se sempre de que é fundamental saber do que você está falando. Em 2008, no Brasil, houve muita publicidade em torno de novas descobertas de petróleo pela Petrobras, com quantidades mirabolantes de riqueza subterrânea vendidas pelo Governo e pela mídia, com as quais o Brasil iria resolver seus problemas para todo o sempre. Entretanto, naquele momento (pode ser que, quando você estiver lendo isto, as coisas tenham mudado), o que havia de reservas tecnicamente provadas nos novos poços era zero. Portanto, o Governo (nem tanto a Petrobras, que sabe muito bem do que fala quando quer) estava vendendo terrenos na Lua.

Depois de todos esses avisos, vamos aos números. Cinco países detinham, em 2005, 60% das reservas (nas três categorias) de petróleo do mundo, todos eles no Oriente Médio: Irã, Iraque, Kuwait, Arábia Saudita e Emirados Árabes Unidos. Rússia e Venezuela detinham, cada uma, 6% das reservas. Líbia e Casaquistão, cerca de 3% cada um. Portanto, quase 80% das reservas estavam concentradas em nove países, nenhum dos quais notável por sua estabilidade política. A razão entre consumo anual e reservas situava-se, em 2005, em torno de 40 anos. Ou seja, mantida a mesma taxa de consumo de 2005 e as mesmas reservas contabilizadas naquele ano, o petróleo acabaria em 2045. É verdade que o número 40 (anos) mantém-se o mesmo há muito tempo, graças à contabilização de novas reservas a cada ano. Ou seja, parece que o petróleo está sempre a 40 anos de acabar. Porém, dadas todas as notas de cautela em relação a esses números, é bem provável que seus filhos e netos viverão em um mundo no qual o petróleo não será mais o rei das energias fósseis.

As estimativas de reservas e recursos de petróleo recuperáveis com as tecnologias existentes e a custos aceitáveis situam-se hoje em torno de três trilhões de barris, ou, se você preferir, aproximadamente 400 bilhões de toneladas de petróleo ou, ainda, cerca de 16 ZJ (zetajoules ou 10^{21} joules). Isso dá, mais ou menos, um século de consumo, mantidos os níveis de 2007 (cerca de 30 bilhões de barris). A diferença entre um século e 40 anos é: os cem anos de consumo incluem reservas e recursos, inclusive os recursos não descobertos. Portanto, envolvem um grau de incerteza muito mais elevado do que os 40 anos.

Como o carvão não é muito importante no Brasil, não vamos falar dele. Caso você tenha interesse em aprofundar seu conhecimento, o site do World Energy Council (www.worldenergy.org) tem muita informação sobre a situação energética do mundo. Vamos mencionar apenas que o carvão é muito abundante, e suas reservas provadas têm cerca de 21 ZJ de energia – mais do que reservas e recursos de petróleo. Novamente, cinco países dominam a produção: Estados Unidos, Rússia, China, Índia e Austrália. Destes, apenas a Austrália tem uma população pequena e pode exportar à vontade. A razão consumo/reservas, no caso do carvão, era de 165 anos em 2005. Não porque o mundo consuma pouco carvão, pois ele responde por 25% da oferta primária de energia no mundo, mas porque há muito carvão na Terra.

Assim como a Idade da Pedra não acabou por falta de pedras, a Idade do Combustível Fóssil (a nossa civilização) não vai acabar por falta de energia fóssil. É possível que, quando a humanidade tiver reduzido seu consumo de energia fóssil a uma fração do que consome hoje, ainda haverá muito carvão, petróleo e gás natural enterrados. É possível, também, que esses recursos sejam empregados não para gerar energia, mas com outras finalidades, como hoje a indústria petroquímica usa petróleo para produzir plásticos.

3.3 Emissões de Gases de Efeito Estufa: o "buraco" do Terawatt
A barreira para o crescimento das energias fósseis

As energias fósseis, apesar de finitas, são relativamente abundantes, pois carvão e petróleo somados podem fornecer mais de 30 ZJ para um mundo que consome, atualmente, cerca de 300 EJ por ano das duas fontes combinadas. Portanto, os estoques são suficientes para algo entre 50 a 100 anos, sem incluir nenhuma nova descoberta. É claro que, do ponto de vista do desenvolvimento e da maturação de novas tecnologias de energia, historicamente, 50 anos é um prazo bastante apertado. Assim, se a humanidade quiser, terá tempo para tomar jeito e implantar alternativas para não ser pega de surpresa quando os estoques escassearem e seus preços subirem às alturas. Contudo, há um "porém" que se chama "efeitos climáticos" resultantes da queima de combustíveis fósseis ou de gases de efeito estufa. As perturbações climáticas globais, ocasionadas pelo aumento da concentração de gases de efeito estufa (em especial CO_2) na atmosfera, criam um limite potencial para os combustíveis fósseis muito mais importante do que a quantidade de reservas e recursos.

Dez bilhões de barris de petróleo contêm cerca de 1 bilhão de toneladas de carbono para serem emitidas na atmosfera.

Em 2007, o mundo consumiu, em números redondos, 30 bilhões de barris; portanto, três bilhões de toneladas de carbono foram emitidas. A maior parte retornou à atmosfera sob a forma de CO_2. O peso atômico do carbono é 12 e do oxigênio, 16. Portanto, o peso molecular do CO_2 é 44. Ou seja, para cada quilograma de C consumido sob a forma de combustível, 44/12 = 3,7 kg de CO_2 foram parar na atmosfera. O resultado do consumo de petróleo no mundo, em 2007, foi a injeção de cerca de 11 bilhões de toneladas de CO_2 na atmosfera, que representa apenas a quantidade de CO_2 resultante da queima de petróleo. O número total, incluindo outras atividades humanas, como as queimadas da floresta amazônica, chegou a 29 bilhões de toneladas de CO_2 emitidos em 2007. Os cientistas podem medir o impacto dessa quantidade monumental de gás carbônico na composição da atmosfera terrestre: a concentração de CO_2 aumenta em cerca de 1 parte por milhão para cada 15 bilhões de toneladas injetadas. Assim, em 2007, a concentração de CO_2 na atmosfera cresceu 2 partes por milhão (ppm). O que significa isso?

Antes do século XIX e da Revolução Industrial, a concentração de CO_2 na atmosfera era de 280 ppm (Fig. 3.5). Hoje está acima de 380 ppm. Se formos queimar nos próximos 40 anos todas as reservas contabilizadas hoje, isto é, 1,2 trilhão de barris de petróleo, estaremos queimando 120 bilhões de toneladas de carbono e injetando 440 bilhões de toneladas de CO_2 na atmosfera, elevando a concentração desse gás em cerca de 30 ppm. Levando em conta a queima do carvão e do gás natural, mais as consequências de outras atividades humanas que geram gases de efeito de estufa, por volta de 2050, se nada for feito, a concentração de CO_2 na atmosfera estará entre 450 e 500 ppm!

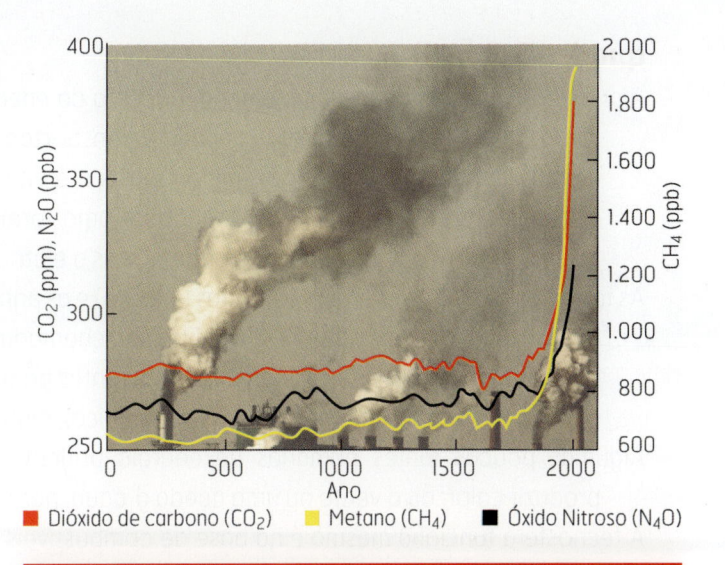

Fig. 3.5 Concentrações de gases de efeito estufa de 0 a 2005

A essa altura, você deve estar informado pelos jornais e pela televisão dos problemas que as mudanças climáticas globais podem ocasionar. O filme de Al Gore, *Uma verdade inconveniente*, disponível nas locadoras, apesar de certos exageros, é uma boa introdução aos problemas que a queima irrestrita de combustíveis fósseis pode trazer para a humanidade. Por isso, não vamos tratar desse assunto aqui.

A principal conclusão deste capítulo é de que combustíveis fósseis são o sustentáculo energético da tecnosfera, mas representam, ao mesmo tempo, uma das maiores ameaças à sobrevivência da espécie humana – e de várias outras espécies, incapazes de se proteger das mudanças climáticas globais. Eles representam um intervalo importante na história da espécie humana, de energia abundante e (ainda!) relativamente barata, que permitiu multiplicar de forma quase infinita a capacidade humana de realizar trabalho, mudando de forma radical as condições de vida de nossa espécie. Mas essa riqueza energética é como uma herança recebida com a morte de um tio rico, ou como o dinheiro de um bilhete premiado da Mega Sena: ela é finita e, se não for bem gasta, ao final, os ganhadores estarão tão pobres como antes. No nosso caso, não apenas tão pobres quanto antes, mas vivendo em um mundo muito pior.

quadro 3.2 Fontes primárias de energia

A primeira coisa que precisamos entender acerca da energia na tecnosfera é que ela precisa ser extraída (produzida), transformada, armazenada e transportada, antes de ser consumida. Na sua forma original, é uma energia primária. Por exemplo, petróleo é energia primária, mas gasolina não é, pois gasolina é petróleo processado em uma refinaria. Como forma de energia, ela não ocorre naturalmente. Do mesmo modo, o vento é energia primária, mas a eletricidade produzida do vento não é.

As fontes primárias de energia são muitas (Fig. 3.6) e as principais (em quantidade) formam as fontes fósseis: petróleo, carvão, gás natural, xistos. Elas são chamadas "fósseis" porque são matéria orgânica decomposta ao longo de milhões de anos. Outras fontes primárias são: quedas d'água, ventos, radiação solar, energia térmica do interior da Terra (geotérmica), materiais radioativos e, naturalmente, biomassa.

Algumas poucas fontes primárias de energia podem ser usadas, como a lenha, por exemplo, para produzir calor; ou o vento ou uma queda d'água, para produzir movimento.

A tecnosfera funciona mesmo é na base de combustíveis e eletricidade. Combustíveis podem ser líquidos (gasolina, álcool, diesel, querosene) ou gasosos. Combustíveis sob a forma de carvão, que já foram muito usados pelo consumidor final, hoje têm seu uso restrito à produção de eletricidade ou a usos industriais. Se você olhar como a energia chega até você, verá que realmente só há duas formas práticas – combustíveis ou eletricidade –, chamadas de "vetores" energéticos, pois transportam a energia de um centro de transformação até o consumidor. Esses centros de transformação podem ser: uma refinaria de petróleo, uma usina de álcool, uma hidrelétrica, entre outros, e caracterizam-se por receber energia primária e produzir um combustível ou eletricidade.

Nos últimos tempos, muito se tem falado sobre a "economia do hidrogênio", um combustível não poluente. A combustão do hidrogênio, isto é, sua reação com o oxigênio, produz apenas água como resíduo material. Entretanto, o problema de que muitos esquecem é que o hidrogênio não é uma fonte primária de energia, mas apenas um vetor, um combustível. Como o hidrogênio precisa ser produzido em algum centro de transformação, por algum método químico, sua geração depende do consumo de alguma fonte de energia primária. Portanto, da próxima vez que um político lhe prometer o mundo limpo com hidrogênio, não se esqueça de perguntar de onde ele pretende tirar esse gás. E lembre-se de que (1) energia é conservada e (2) qualquer transformação de energia de uma forma (primária) para outra (combustível) resulta em perdas inevitáveis. Portanto, não há como ter uma economia do hidrogênio sem usar energia das fontes primárias que acabamos de ver.

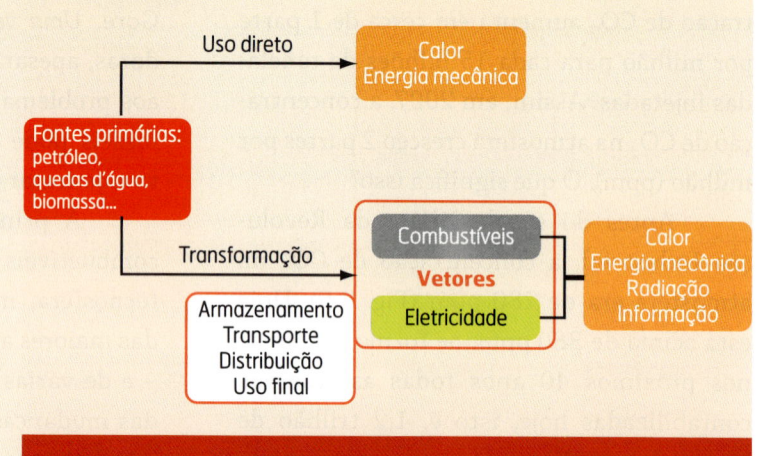

Fig. 3.6 Fontes primárias de energia

quadro 3.3 Perdas no sistema e eficiência energética — o paradoxo do aumento de eficiência — quanto mais se economiza, mais se gasta

Na sociedade industrial, a energia primária, na maior parte dos casos, precisa ser transformada em formas mais facilmente utilizáveis pelo consumidor final, seja em um combustível, seja em eletricidade (qual foi a última vez que você queimou lenha em casa?). Essas formas precisam ser transportadas até o ponto de uso, para serem transformadas em trabalho útil. A Primeira Lei da Termodinâmica, que expressa a conservação da energia, garante que o total de energia primária empregada não se altera em todos esses processos. Entretanto, temos dois inimigos da eficiência energética: (1) a Segunda Lei da Termodinâmica e (2) os materiais e processos reais.

A segunda lei afirma que é impossível transformar integralmente uma forma de energia em outra sem perdas na capacidade da energia original realizar trabalho útil. Uma forma importante de perdas é a geração de calor, que não pode ser inteiramente "capturado" para a transformação em trabalho útil. Então, ao longo de todos os processos de transformação da energia primária em energia utilizável, há perdas inevitáveis, determinadas pela Termodinâmica.

Como se isso não bastasse, o engenheiro ainda tem de enfrentar a realidade dos materiais que ele emprega e as limitações dos processos reais. Nenhum motor a combustão interna chega perto do limite teórico de sua eficiência termodinâmica, dada pela segunda lei. Em um automóvel, por exemplo, apenas cerca de 13% da energia da gasolina chega às rodas. As perdas em um motor superam 60% da energia química da gasolina, por causa do atrito entre as partes, da energia consumida para injetar ar nos cilindros e retirar os produtos da combustão, e pelo calor desperdiçado.

A eletricidade sofre os mesmos problemas. A resistência elétrica dos condutores que transportam essa forma de energia resulta na geração de calor, que não é aproveitado (exceto em aquecedores elétricos, torradeiras etc.). As perdas são imensas. A Fig. 3.7 apresenta o resumo da geração e do uso da energia no Brasil em 2008, com dados fornecidos pelo Balanço Energético Nacional 2009 (disponível em <www.epe.gov.br>).

O bloco no canto esquerdo superior representa a oferta de energia primária (ver definição de fonte primária na seção 1.4), isto é, o total e as diferentes formas de energias primárias que o Brasil utiliza. A principal forma ainda é o petróleo, que, com o gás natural (outro combustível fóssil), responde por quase a metade da oferta (46%). Energias de fontes renováveis, como as da biomassa (cana-de-açúcar, lenha), contribuem com 30%, e a energia hidráulica para geração de eletricidade, com 13%. A oferta total de energia primária no Brasil, em 2008, foi de 10,5 EJ, mais ou menos 2% da oferta mundial. Nosso país apresenta, entre os países em desenvolvimento e desenvolvidos, uma característica única e invejável: sua oferta primária de energia é composta, em quase metade, por fontes renováveis.

A energia primária tem dois destinos: a parte maior (7,5 EJ) vai para centros de transformação, onde é convertida em formas mais úteis para o consumo. Por exemplo, o petróleo segue para refinarias, a fim de ser transformado em óleo diesel, óleo combustível, gasolina, querosene e gás liquefeito de petróleo; a energia hidráulica vai para turbinas, para ser transformada em eletricidade; e o caldo da cana é transformado em bioetanol. Nesses processos de transformação, parte da energia primária é perdida; uma parte menor (3 EJ) vai direto para o uso final. Por exemplo, o gás natural é utilizado em queimadores industriais ou domésticos; o bagaço da cana vai aquecer as caldeiras das usinas, e muita lenha é destinada ao consumo doméstico.

Os usuários finais aproveitam a energia primária ou secundária para gerar trabalho, calor (ou frio), iluminação, e uma fração pequena vai para as máquinas das tecnologias de informação e comunicação. Todavia, uma boa parte dessa energia ainda se perde, em razão das leis da termodinâmica, que limitam a eficiência de conversão de calor em trabalho, ou em equipamentos malprojetados para maximizar a conversão da energia, como lâmpadas incandescentes, ou no setor de transporte – o pior de todos em termos de eficiência de conversão. O resultado é que, dos 9,5 EJ que chegam ao usuário final, cerca de 30% se perdem sem retorno. Há algum espaço aqui para melhorias de eficiência energética de muitos aparelhos e máquinas, o que permitiria um aproveitamento melhor da energia primária. Essa é uma forma necessária e importante de "economia" de energia.

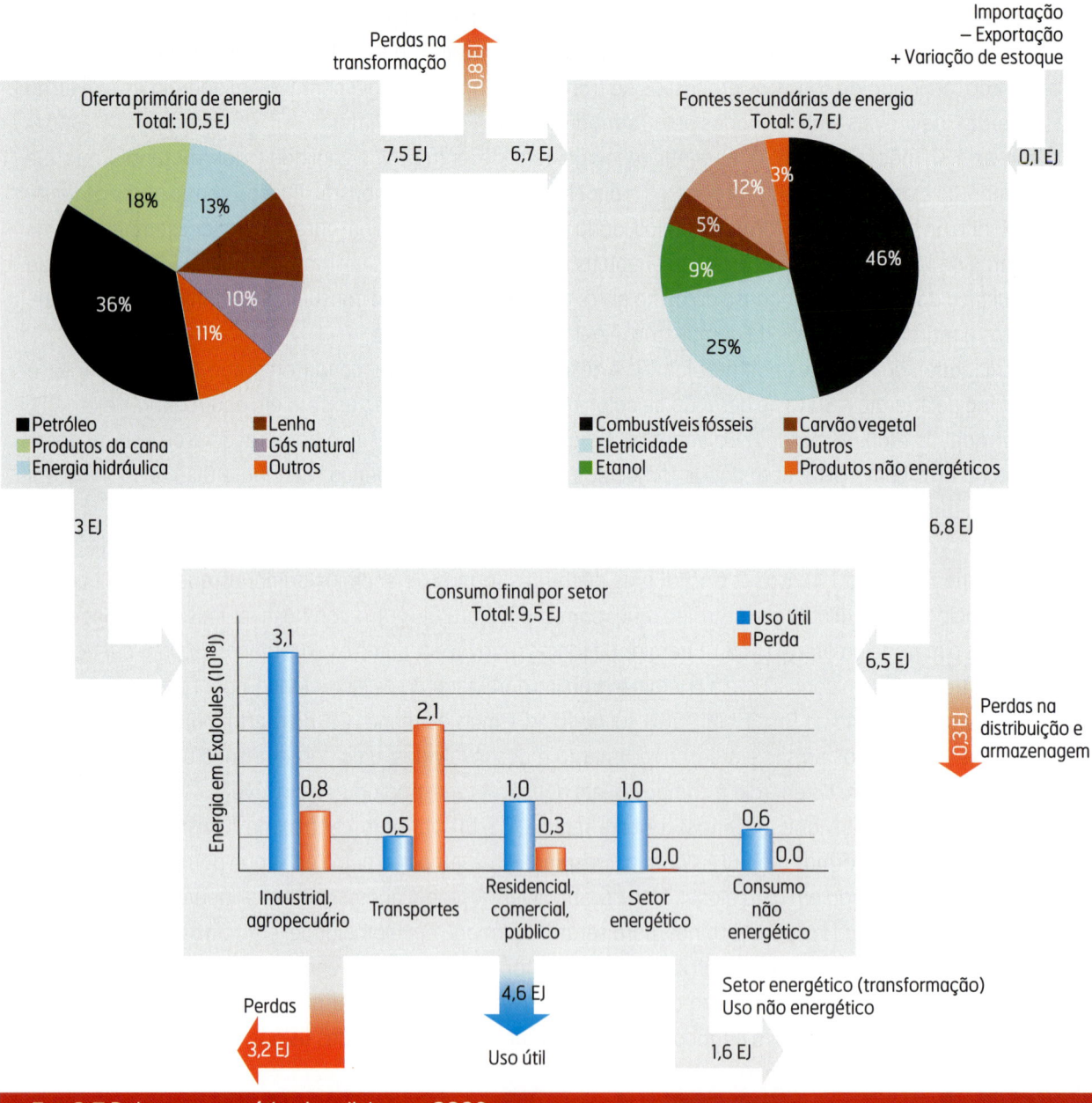

Fig. 3.7 Balanço energético brasileiro em 2008

3.4 Eletricidade sem carbono

Volte ao Cap. 1 e olhe a Fig. 1.1, a mais importante deste livro. Ela mostra que, para evitar os efeitos nocivos do aumento da concentração atmosférica e oceânica do CO_2, é necessário produzir muitos terawatts de energia limpa, isto é, de energias que não resultem em emissões desse gás. Como acabamos de ver, porém, combustíveis fósseis são responsáveis por 80% da energia primária do mundo hoje e, pelo que tudo indica, ainda por várias décadas. Para mudar esse panorama, o mundo precisa encontrar fontes não emissoras de CO_2 para alimentar os habitantes da tecnosfera. Há duas possibilidades: ou o mundo implanta as chamadas energias "limpas", ou desenvolve tecnologias de captura e aprisionamento (também chamado "sequestro" – a sigla em inglês é CCS: *carbon capture and sequestration*) de CO_2 produzido pelas máquinas que queimam combustíveis fósseis.

Duas formas de produção de energia sem emissão de carbono são largamente utilizadas hoje para a produção de eletricidade: energia nuclear e hidroeletricidade.

Energia nuclear

Uma usina nuclear de bom tamanho é capaz de gerar cerca de 1 GW de eletricidade (1 GW_e). Em 2007, havia em operação no mundo um total de 435 usinas nucleares, com uma capacidade instalada de 367 GW_e, muitas delas na fase final de seu ciclo de vida. Para atingir um TW_e de energia até 2030, seriam necessárias cerca de 1.200 dessas usinas. Ou seja, em 20 anos, 60 novas usinas nucleares por ano, ou praticamente, uma por semana. No final de 2006, havia apenas 31 novas usinas em construção. Portanto, hoje não há nada parecido com esse esforço de construção no mundo. Isto por causa de alguns grandes gargalos: o financiamento, particularmente difícil nesse momento de crise mundial (2008/2009); o tempo relativamente longo de construção e entrada em operação (início de retorno dos investimentos); a capacidade industrial de suprir os materiais e componentes necessários (talvez, o maior problema); e, eventualmente, o combustível, pois a prospecção e exploração do urânio foi praticamente interrompida por muitos anos.

No Cap. 2, estimamos o potencial teórico limite de energia hidrelétrica no mundo em 10 TW. Na realidade, esse potencial deve estar na faixa de 1 a 3 TW. Em 2005, a capacidade instalada de geração hidroelétrica era de 0,8 TW, com uma produção total de eletricidade de 2.840 TWh. Mostre, com esses dois números, que o fator de utilização médio mundial das usinas é de 41%. O Brasil é um grande produtor de energia hidrelétrica, com mais de 9% da capacidade mundial (71 GW_e), produzindo 338 TWh, com um fator de utilização de 54%, bem acima da média mundial.

Se você verificar a Fig. 3.1, entre 1973 e 2005 houve um crescimento significativo da produção de eletricidade por energia nuclear, que passou de 0,9% para 6,3%. No mesmo período, a participação da hidroeletricidade cresceu de 1,8% para 2,2%. Cuidado! É outro truque para enganar o observador menos atento. Ao olhar aquela figura, você verá que nuclear aparece com 6,3% e hidroeletricidade com 2,2%, e poderia ser tentado a concluir que, enquanto em 1973 a participação da energia nuclear era metade da energia hidrelétrica, em 2005 ela passou a ser três vezes maior! De fato, a energia nuclear teve uma expansão significativa no período, mas a história não é bem assim. É preciso tomar cuidado com dois aspectos importantes da transformação de energia primária em eletricidade, o primeiro dos quais tem tudo a ver com esses números.

O primeiro aspecto é o fator de conversão empregado na hora de fazer o balanço energético. Lembre-se de que energia nuclear produz calor, que é usado para gerar vapor, que é, então, transformado em eletricidade. Em todas as transformações, há perdas significativas. O resultado é que apenas cerca de um terço da energia nuclear é efetivamente transformado em eletricidade.

Mas, o que é computado no balanço energético não é a quantidade total de eletricidade produzida e, sim, a energia térmica gerada. Por outro lado, no caso da energia hidrelétrica, computa-se no balanço a eletricidade produzida. O resultado é que a energia nuclear parece ser três vezes mais importante do que a hidrelétrica, em 2005, mas as duas eram quase equivalentes.

O segundo aspecto que precisamos lembrar é que uma usina elétrica não pode operar 100% do tempo. Ela precisa parar para manutenções preventivas e corretivas, ou pode ser desligada por falta de demanda de potência naquele momento. É um pouco como seu automóvel. O fabricante anuncia que o motor tem 140 hp para impressionar o comprador, mas o motor só desenvolve 140 hp em faixas de rotação em geral mais elevadas do que com as quais você normalmente roda. Portanto, há uma diferença entre a potência anunciada do motor e a potência efetivamente desenvolvida. No caso de uma usina nuclear, esse fator de utilização é elevado, especialmente em uma usina nova – em geral, maior do que 80%. Nas usinas hidrelétricas, o número varia muito, dependendo, por exemplo, do tamanho da planta. A média mundial, como vimos, é de 41%. A melhor usina hidrelétrica do mundo, em termos de fator de utilização, é Itaipu, que atingiu incríveis 77% em 2008 (Fig. 3.8). Assim, uma usina nuclear anunciada como tendo uma potência de 1 GW de eletricidade, provavelmente entrega para a rede algo como 800 MW, enquanto uma usina hidrelétrica, de mesma potência nominal, entregará bem menos potência real para a rede. Apesar disso, do ponto de vista do meio ambiente, uma usina hidrelétrica é melhor do que uma usina nuclear, pois não gera "lixo" radioativo, que precisa ser armazenado seguramente por centenas de milhares de anos!

Hidroeletricidade

A hidroeletricidade consiste na produção de eletricidade com a força de uma queda d'água. A água aciona uma turbina, a qual, por sua vez, aciona um gerador. Não se trata de nova tecnologia, pois ela é muito bem estabelecida. A hidroeletricidade fornece 15% do consumo mundial. Como seu potencial ainda não está completamente explorado, continua sendo uma alternativa de crescimento de fontes renováveis para o futuro.

Há vários aspectos ambientais a considerar quando você planeja uma usina hidrelétrica. A começar por seu porte: há pequenas usinas, de fundo de quintal, com pequeno impacto ambiental, e vastas usinas, com reservatórios de milhares de quilômetros quadrados, com grandes impactos. Vamos tratar destas últimas apenas. No caso das usinas de pequeno porte, vale a pena mencionar que, se os reservatórios forem bem planejados, você pode trazer o lençol freático para mais perto da superfície e ajudar as plantinhas que crescem nas vizinhanças do reservatório. Um elemento importante a considerar no planejamento de uma grande usina hidrelétrica é a ocupação por pessoas no terreno destinado ao reservatório. Em alguns casos, pode ser necessário deslocar a população para outros espaços, com todos os custos psicológicos, sociais e financeiros que isso implica. Se a área for ocupada por floresta, é conveniente proceder ao desmatamento prévio, para reduzir a emissão de gás metano pela matéria orgânica em decomposição. Por outro lado, reservatórios mais próximos de centros urbanos têm outros usos, paisagísticos, recreacionais ou como reservatórios de água para consumo humano ou irrigação, que devem ser levados em conta. As barragens podem ser um problema para peixes, especialmente espécies migratórias, pois representam um obstáculo intransponível, mas isso pode ser resolvido com a abertura de rotas alternativas. Apesar de todas essas considerações, a hidroeletricidade ainda é, de longe, preferível à eletricidade gerada pela queima de energias fósseis, em termos de emissões de gases de efeito estufa.

Do ponto de vista da engenharia, a tecnologia está madura, pois é usada há muitas décadas. Naturalmente, progressos tecnológicos na engenharia de turbinas e geradores continuam a ser feitos, mas não se esperam mais do que melhorias incrementais.

A fonte da energia hidrelétrica é a água acumulada em um reservatório elevado. A menos que a água tenha sido especialmente bombeada para o reservatório (acontece em alguns casos, como forma de armazenamento de energia), o reservatório é suprido pelas chuvas que caem na bacia hidrográfica que o alimenta. Portanto, a fonte será renovável enquanto houver sol e água no planeta. A mudança do regime de chuvas de uma região sempre pode acontecer. Há flutuações de ano para ano, que tendem a se compensar, com alternâncias de escassez e excesso, e há mudanças de longo prazo. O assoreamento do reservatório, por exemplo, impõe um limite natural à vida útil de qualquer usina hidrelétrica, que é, normalmente, de muitas décadas. Então, para efeitos práticos, podemos considerar a energia hidrelétrica como renovável, ainda que usinas específicas possam ter de ser desativadas.

No Cap. 2, estimamos, a partir da altura média dos continentes sobre o nível do mar (840 m) e da quantidade média de chuva que cai sobre os continentes em um ano (37 quadrilhões de litros), que o limite máximo da potência hidrelétrica no planeta Terra é de 10 TW. Naturalmente, a potência efetivamente aproveitável é muito menor.

Relembrando: no mundo, em 2005, havia 778 GW (gigawatts – bilhão de watts) de capacidade instalada, que geraram 2.836 TWh (terawatt-hora) de eletricidade. Se você multiplicar a capacidade de geração pelo número de horas em um ano (8.760), a produção total de eletricidade poderia ter sido mais de duas vezes a eletricidade efetivamente gerada. Essa diferença representa o fator de utilização da geração hidroelé-

Fig. 3.8 Usina hidrelétrica de Itaipu (Foz do Iguaçu, Paraná)

trica, da ordem de 41%. Ou seja, em média, cada GW instalado de potência corresponde a 0,41 GW (410 MW) de potência efetivamente disponível. Esse fator, aparentemente baixo, é muito bom, se comparado a outras fontes renováveis, como veremos. Por isso, usinas hidrelétricas são excelentes para suprir a eletricidade de base para um país.

Na prática, cinco países são responsáveis por mais da metade da produção de hidroeletricidade no mundo: Brasil, Canadá, China, Rússia e Estados Unidos. O Conselho Mundial de Energia (www.worldenergy.org) estima a capacidade tecnicamente explorável da hidroeletricidade no mundo em 16.500 TWh (ou seja, da ordem da produção atual). Lembre-se de que tecnicamente explorável não significa economicamente viável.

Os números para o Brasil são ilustrativos: a geração de hidroeletricidade em 2005 atingiu 337 TWh; a capacidade economicamente explorável é estimada em 800 TWh. Portanto, o Brasil pode, no máximo, dobrar sua produção de hidroeletricidade. Vamos supor que a demanda por eletricidade, nos próximos anos, cresça uma média de 4% ao ano. Nesse ritmo, a demanda dobra em menos de 18 anos. Uma usina hidrelétrica de grande porte, da concepção inicial à entrada em produção, pode levar facilmente 15 anos. Daqui para a frente, você pode pensar por si próprio...

Em conclusão, o potencial de expansão da hidroeletricidade não é muito maior do que 1 TW no mundo.

Ou seja, a hidroeletricidade é uma ótima solução, mas é incapaz de suprir as necessidades mundiais de eletricidade no longo prazo!

Como a tecnologia de usinas hidrelétricas está madura, os investimentos necessários são, comparados com outras fontes renováveis, relativamente baixos, de US$ 1.000 a 2.000/kW instalado. Uma usina de 1 GW custa entre um bilhão e dois bilhões de dólares. Um bilhão pode parecer muito dinheiro para você, mas no mundo da energia, é pouca coisa. Você foi avisado: energia é um negócio muito grande! O custo da energia elétrica é baixo: varia de US$ 20 a US$ 100 o MWh. Dê uma olhada na sua conta de eletricidade. A tarifa residencial, em São Paulo, é de R$ 0,13 por kWh de eletricidade. Para receber essa energia em casa, o consumidor paga, ainda, R$ 0,11 por kWh de taxas de transmissão e distribuição. A isso somam-se tributos e encargos sobre a conta de energia elétrica, no valor de R$ 0,15 por kWh! Portanto, na conta de eletricidade, apenas cerca de um terço representa o preço da eletricidade gerada. Viva o Brasil!

O grande problema da hidroeletricidade é que, frequentemente, as fontes de energia hídrica e os grandes centros consumidores estão distantes uns dos outros. Então, é necessário construir dispendiosos sistemas de transporte de energia para novos empreendimentos. Dado o longo tempo necessário para planejar e construir uma grande usina hidrelétrica, há tempo de sobra para planejar e construir também o sistema de transporte até os centros de consumo. Ao chegar lá, é preciso providenciar a infraestrutura de distribuição local.

A conclusão deste intervalo entre dois capítulos é que gerar 1 TW de energia sem emissão de CO_2 não é brincadeira! Uma única fonte primária de energia "limpa" (se você quiser chamar energia nuclear de "limpa"...) não conseguirá suprir as necessidades mundiais no futuro. Muitas alternativas terão de ser desenvolvidas e implementadas no decorrer das próximas décadas. Inclusive, tecnologias para "limpar" energias primárias fósseis, que hoje não existem na escala necessária e a custos aceitáveis. Guarde este livro por 40 anos e releia-o quando você tiver 60 anos. Será interessante ver como o mundo terá evoluído enquanto você vivia a sua vida. Por medida de segurança, compre vários exemplares agora e armazene-os em diferentes lugares. Assim, você terá uma garantia de encontrá-lo quando precisar.

quadro 3.4 O QUE É UM TERAWATT DE HIDROELETRICIDADE?

É muito difícil estimar a densidade de energia de uma usina hidrelétrica, pois ela depende muito da topografia local. Portanto, a estimativa vale apenas em termos de ordem de grandeza.

Para fazer nossa estimativa, vamos tomar um exemplo brasileiro: a hidrelétrica de Itaipu. Ela possui uma capacidade de geração instalada de 14 GW. Em 2008, Itaipu produziu 94,7 TWh de eletricidade, que correspondem a um surpreendente fator de utilização de 77%!

O reservatório de Itaipu ocupa uma área de 1.350 km². Para ter uma capacidade instalada de 1 TW, seriam necessárias 71 usinas como Itaipu, cujos reservatórios ocupariam uma área total de 96.000 km². Se todas essas usinas reproduzissem o fator de utilização de Itaipu, elas gerariam 6,75 PWh (petawatt-hora – trilhão de kWh) de eletricidade, o suficiente para suprir 39% do consumo de eletricidade do mundo em 2005, ou 20% do consumo projetado para 2030.

quadro 3.5 Energia e qualidade de vida

Viver melhor. Não é o que todos querem? Qualidade de vida é bastante difícil de definir, pois cada sociedade e cada pessoa têm o seu padrão de qualidade. O que pode ser uma vida de baixa qualidade na Suíça pode ser o paraíso no Brasil. Do mesmo modo, o que pode ser uma vida de alta qualidade para um surfista, aproveitando as ondas sem maiores preocupações, pode parecer um horror para um executivo preocupado em aumentar a renda e o patrimônio. Entretanto, no mundo moderno, nada escapa de ser medido, nem os estados de espírito. Quem já não viu em alguma revista "20 perguntas para saber se você é feliz"? Pois é, qualidade de vida também ganhou um índice entre zero (péssima) e um (excelente), proposto pela Organização das Nações Unidas.

O IDH – Índice de Desenvolvimento Humano da ONU – pretende medir quanto um país oferece de boa qualidade de vida a seus habitantes. Ele se baseia em três indicadores estatísticos que os países costumam coletar e publicar: (1) expectativa de vida; (2) nível educacional; e (3) nível de renda. A expectativa de vida significa quantos anos uma pessoa nascida em um país pode esperar viver. É um dado importante, porque mede a qualidade do atendimento médico e, indiretamente, o índice de violência no país. Quanto menor a probabilidade de um bebê morrer ou de uma pessoa ser vítima de um acidente de trânsito ou de uma "bala perdida", maior a expectativa de vida média da população. Independentemente de qualquer avaliação subjetiva de qualidade de vida, não se pode discordar que este é um bom parâmetro para aferir se um país oferece boas condições de vida a seus habitantes. O segundo parâmetro também é bastante razoável, pois quanto mais bem educada for uma pessoa, maiores serão as suas chances de conseguir um bom emprego e de o país se desenvolver economicamente. A qualidade do lazer de uma pessoa mais bem educada será sempre superior à de uma pessoa menos educada. A pessoa mais bem educada irá a um teatro ou a um concerto, em lugar de ficar em casa assistindo a um programa idiota na TV. Finalmente, a renda *per capita* mede o poder econômico de uma população. Obviamente, quanto mais rica for a população, mais opções terá na sua vida e, presumivelmente, viverá melhor. Entretanto, esses índices sofrem de uma limitação, pois representam médias gerais e não dizem nada das desigualdades sociais, econômicas e regionais de um país. Apesar disso, o IDH da maior parte dos países do mundo é calculado e publicado pela ONU todos os anos.

A Fig. 3.9 apresenta uma correlação entre o consumo anual de energia elétrica por habitante e o IDH de todos os países onde esse índice é medido. Note que esse índice varia entre zero e 1, e o consumo de eletricidade anual é expresso em kWh por habitante. Um fato chama imediatamente a atenção quando olhamos a figura: a curva cresce para a direita, ou seja, quanto maior o IDH, maior o consumo de eletricidade. É

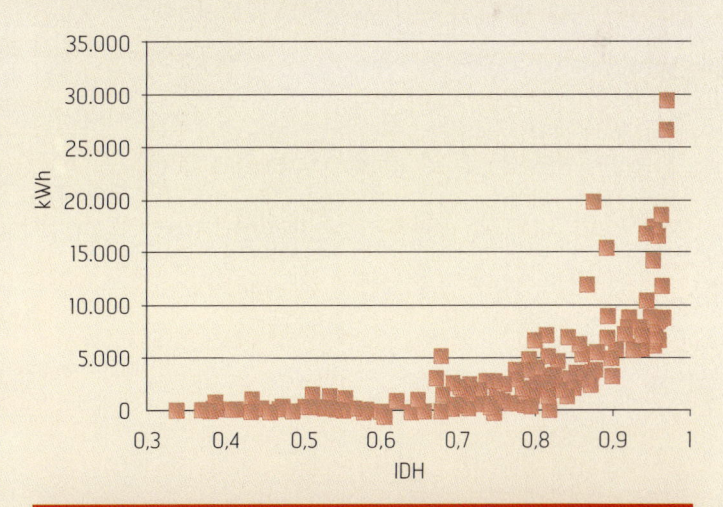

Fig. 3.9 Correlação entre consumo de eletricidade ano/habitante e Índice de Desenvolvimento Humano (IDH)

claro que há bastante variação entre países de aproximadamente o mesmo IDH e o consumo de energia elétrica.

A Islândia, por exemplo, estava no topo dos países consumidores de eletricidade (quase 30.000 kWh por ano por habitante) e o mais elevado IDH do mundo (0,968), quando essas estatísticas foram preparadas (2004). Entretanto, a Austrália, um país de reconhecida alta qualidade de vida, possuía um IDH ligeiramente inferior (0,962), com um consumo de eletricidade de 12.000 kWh por ano por habitante. Mesmo os espanhóis, com um IDH de 0,949, consumiam apenas 6.400 kWh. Os brasileiros, com um IDH de 0,8, consumiam 2.300 kWh, menos de um décimo do consumo da Islândia.

Portanto, há uma correlação entre energia e qualidade de vida, que não significa causa e efeito. Deixar a porta da geladeira permanentemente aberta não vai aumentar nossa qualidade de vida. Com alguém gritando para fecharmos a porta, o mais provável é que nossa qualidade de vida decresça, apesar do aumento do consumo de energia elétrica. Entretanto, o fato de esses dois indicadores se moverem aproximadamente na mesma direção transmite, em números, a impressão de que os países com maior qualidade de vida são também aqueles que usam mais energia.

3ª pausa
Escalando o monte Terawatt

Energia é um grande negócio, envolvendo trilhões de dólares. Em 2005, o faturamento das cinco maiores empresas de petróleo do mundo (Exxon, Shell, BP, Chevron e ConocoPhillips) foi de 1,27 trilhão de dólares. Imagine a soma de todo o restante, lembrando que o petróleo fornece cerca de 35% da energia primária do mundo. Como todo grande negócio, esse também é conduzido por homens e mulheres eminentemente práticos, que fazem o necessário para conseguir o que seus países querem: energia. As intermináveis guerras no Oriente Médio, as quais, provavelmente, só se agravarão no século XXI, à medida que o petróleo escassear ainda mais, estão aí para quem quiser ver. É claro que tudo é feito em nome de grandes princípios, como a democracia, a liberdade, o capitalismo (ou o socialismo), a religião e o queijo com goiabada. Mas, no fundo, a verdade é que o cidadão de qualquer país quer mesmo saber se, ao apertar o interruptor, a luz acende e, ao chegar no posto, se há gasolina para abastecer a paixão da sua vida: o seu carrinho. Então, não pense tão mal assim desses homens e mulheres práticos: eles estão apenas fazendo o serviço sujo que a sociedade quer deles. Como seres humanos, entretanto, eles também resistem a mudanças tecnológicas que impactem negativamente seus empregos.

Como em todo negócio, as leis da economia valem para a energia, ou seja, ninguém quer pagar mais por ela, se a alternativa for pagar menos. Isso representa uma desvantagem imediata para qualquer nova tecnologia, que será sempre mais cara do que uma tecnologia madura. Todo mundo sabe que o carvão é uma das fontes primárias de energia mais poluentes, se não a mais poluente, que existe. No entanto, todas as projeções para as próximas décadas indicam que a participação do carvão na geração de energia elétrica tende a crescer tanto em termos absolutos quanto em termos relativos, apesar de o mundo todo ter ouvido falar dos riscos do aumento da concentração de CO_2 na atmosfera. É como se esse problema não existisse. Por quê? Porque o carvão é barato e porque a tecnologia de produção de eletricidade a partir do carvão é totalmente dominada, o que significa baixos custos de investimentos nas novas usinas (Fig. 3.10). É na questão de custo que políticas públicas são fundamentais, pois o mercado é incapaz de, por si só, resolver os problemas da energia. Sem uma intervenção do poder público, sob a forma de impostos, subsídios ou preços garantidos, é virtualmente impossível introduzir uma nova tecnologia no mercado da energia.

Fig. 3.10 Mina de carvão

O negócio da energia envolve uma vasta infraestrutura de extração, processamento, armazenamento, transporte, transformação, distribuição, conversão. Portanto, introduzir uma nova tecnologia é, em geral, um processo muito lento. Se amanhã (ou assim que terminar de ler este livro) você descobrir uma maneira barata, limpa e eficiente de produzir hidrogênio abundantemente a partir da água e da luz do sol, serão necessárias décadas antes que essa tecnologia se torne a fonte dominante de energia no mundo. Será necessário reformar e ampliar a infraestrutura existente antes que uma nova fonte possa substituir as atuais. Além disso, será preciso enfrentar as pressões políticas e econômicas das empresas energéticas (petrolíferas) estabelecidas, que verão na nova fonte uma ameaça a seus negócios.

Então, sempre que você for discutir as alternativas energéticas para o futuro, lembre-se destes três pontos: (1) as energias dominantes são um grande negócio e ninguém quer perder um grande negócio; (2) custo, custo e custo são as três primeiras considerações feitas sobre energia; as três segundas são disponibilidade, disponibilidade e disponibilidade; (3) a infraestrutura existente precisa ser adaptada para novas energias.

Isso não quer dizer que mudanças não possam e não venham a ocorrer. Já ocorreram antes, quando os motores a combustão interna (petróleo) e elétricos (eletricidade) deslocaram a máquina a vapor (carvão), ou quando o petróleo deslocou o carvão em meados do século XX.

Energias "renováveis": hoje e no futuro

Nos próximos dois capítulos, vamos olhar para o futuro e ver algumas alternativas disponíveis para o século XXI. Em geral, essas alternativas são conhecidas como "energias renováveis". Pois bem, temos de começar com um alerta: não existem "energias renováveis". Existem fontes de energia renováveis, que também mereceriam aspas.

O que é e o que não é renovável depende sempre das escalas de tempo em jogo. Uma plantação de cereal ou de cana-de-açúcar é considerada renovável para um ser humano que vive décadas e pode nesse tempo, ver muitos ciclos de plantio e colheita. Para um bando de gafanhotos, que só vive por algumas semanas, uma plantação é não renovável. Ele passa, devora o que pode e segue adiante para outra plantação. A humanidade, em relação aos combustíveis fósseis, age como o bando de gafanhotos. Os combustíveis levaram centenas de milhões anos para serem produzidos a partir da biomassa original. Certamente, na escala da existência do ser humano e, provavelmente, até na escala da existência da espécie humana, eles não são renováveis.

A plantação de cana-de-açúcar (Fig. 3.11) no Brasil é apenas "quase" renovável, pois se as práticas agrícolas levarem à perda da camada fértil do solo, com o tempo não será mais possível plantar ali. A camada fértil do solo leva dezenas de milhares de anos para se formar, mas pode ser destruída em algumas décadas.

Felizmente, há duas fontes de energia efetivamente infinitas, na escala de tempo

Fig. 3.11 Cana-de-açúcar

que nos interessa (vamos ser otimistas e falar em alguns bilhões de anos, apesar de ser muito baixa a probabilidade de a espécie humana durar tanto tempo). De longe, a maior dessas fontes é a energia solar. Nosso reator de fusão nuclear favorito deve continuar a operar, se a Física estiver certa, por mais vários bilhões de anos. Com isso, a fonte de energia primária das energias eólica, hídrica, solar térmica e fotovoltaica e, finalmente, da biomassa, está garantida. A outra fonte primária, muito menor e mais restrita, é a energia geotérmica, que vem do interior da Terra. Ela ainda vai durar o suficiente para atender a algumas necessidades do ser humano, mas nada que se compare a suas necessidades totais. Portanto, viva o Sol!

Qual é a realidade das energias renováveis hoje? A Fig. 3.12 apresenta a situação dos Estados Unidos em 2007, em termos do consumo final de energia por várias fontes. As energias renováveis representavam apenas 7% do total, dos quais a energia solar contribuía com 1% (0,07% do total) e as energias eólica e geotérmica, com 5% cada uma (0,35% do total). Em compensação, 84% do consumo eram supridos por energias fósseis. O panorama não é dos mais animadores na maioria dos países, com exceção do Brasil. Em 2007, a soma das energias solar, eólica e geotérmica correspondeu a meros 0,77% do total do consumo de energia nos Estados Unidos. Isso não quer dizer que devamos nos desencorajar; é natural que fontes alternativas de energia comecem de baixo.

Quanto às projeções para o futuro, vamos usar os dados da Agência Internacional de Energia (www.iea.org), um organismo que realiza estudos sobre o assunto. A boa notícia é que, entre 2006 e 2030, a projeção de crescimento das fontes tradicionais não passa de 2% ao ano (para o carvão,

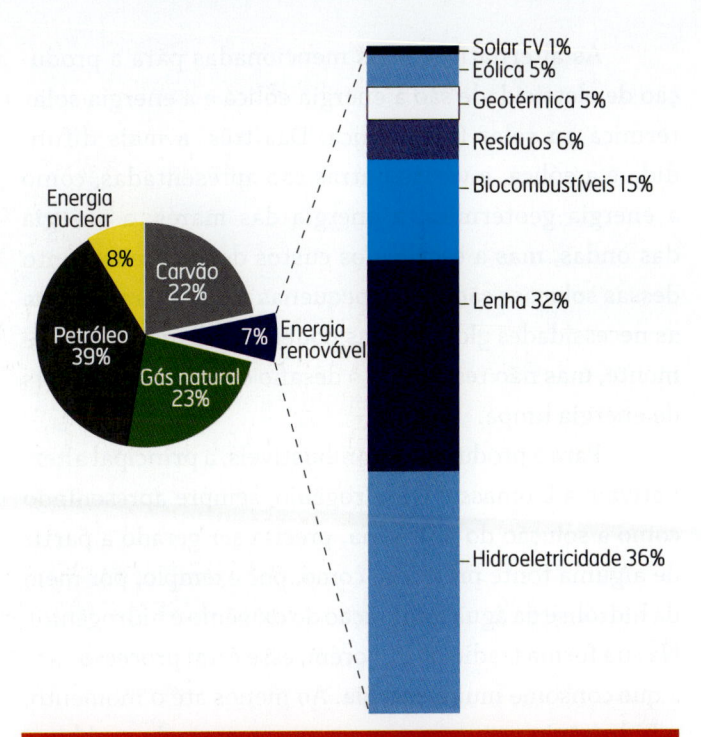

Fig. 3.12 Participação das energias renováveis no consumo final de energia nos Estados Unidos, em 2007

o pior dos casos possíveis, infelizmente), mas o crescimento das fontes renováveis, com exceção da biomassa, deve superar os 7% ao ano. Isso significa que sua fatia da produção de energia vai crescer em relação a todas as outras fontes. Mesmo assim, em 2030, deve ficar em torno de 2%, bem melhor do que os 0,56% de 2006.

No mesmo período, a participação da biomassa e do aproveitamento de resíduos para a produção de energia deve continuar a crescer a taxas históricas de 1,4% ao ano. Sua fatia do bolo total será mantida estável, em torno de 10%. Como essas projeções não levam em conta a possibilidade de o Brasil tornar-se um grande produtor mundial de bioetanol, elas devem ser vistas com cautela.

AS ALTERNATIVAS E O ESTÁGIO EM QUE SE ENCONTRAM

Muito bem, a decisão está tomada. Não vamos mais usar energias fósseis. E agora? Quais são as alternativas disponíveis, técnica, econômica e ambientalmente aceitáveis? E a partir de quando elas terão condições, sozinhas ou combinadas, de substituir completamente as fontes fósseis, na escala de dezenas de terawatts?

As alternativas mais mencionadas para a produção de eletricidade são a energia eólica e a energia solar térmica ou solar fotovoltaica. Das três, a mais difundida é a eólica, e várias outras são apresentadas, como a energia geotérmica, a energia das marés, a energia das ondas, mas a escala e os custos de aproveitamento dessas soluções são muito pequenas se comparadas com as necessidades globais. Elas podem ser utilizadas localmente, mas não resolverão o desafio de prover terawatts de energia limpa.

Para a produção de combustíveis, a principal alternativa é a biomassa. O hidrogênio, sempre apresentado como a solução do problema, precisa ser gerado a partir de alguma fonte primária, como, por exemplo, por meio da hidrólise da água (separação do oxigênio e hidrogênio). Na sua forma tradicional, porém, esse é um processo caro e que consome muita energia. Ao menos até o momento, o hidrogênio permanece mais na categoria de problema do que de solução. Pode ser que, futuramente, descubra-se alguma maneira barata e eficiente de extraí-lo da água e depois armazená-lo e distribuí-lo amplamente, daí ele se tornaria uma opção muito atraente, desde que produzido em escalas próximas ao terawatt.

É muito importante frisar que a escala da demanda por energia primária no mundo é medida em terawatts. Muitos entusiastas de alternativas energéticas para o futuro costumam esquecer quão grande é um terawatt! Só para você ter uma ideia dos investimentos necessários, lembre-se de que uma das fontes mais baratas de eletricidade, a hidroeletricidade, requer um mínimo (mínimo!) de um dólar por watt de potência instalada. Portanto, um trilhão de watts (1 TW) de potência instalada requer, no mínimo, um trilhão de dólares de investimento, mas, dependendo da fonte escolhida, 1 TW vai requerer muito mais. Dez TW de potência limpa custarão muito mais do que dez trilhões de dólares. Para você ter uma ideia do que significa esse número, a riqueza total do mundo em 2007, muito imperfeitamente medida por algo como o nosso PIB (Produto Interno Bruto), foi estimada em 55 trilhões de dólares. Portanto, os investimentos necessários para mudar as fontes de energia primária da humanidade não são desprezíveis diante da riqueza total do mundo. É por isso que, questões tecnológicas à parte, eles terão de ser feitos em um período de décadas, não de anos.

Vamos lembrar que, independentemente de qual seja a fonte primária, há dois tipos de vetores de energia mais usados pelo consumidor final: combustíveis e eletricidade.

A única fonte renovável que se presta, com facilidade, para a produção de combustíveis é a biomassa. Todas as outras, como a hídrica, a eólica, a fotovoltaica, são boas

Tab. 3.1 Demanda mundial de energia primária (Mtep)*						
	1980	2000	2006	2015	2030	2006-2030**
Carvão	1.788	2.295	3.053	4.023	4.908	2,0%
Petróleo	3.107	3.649	4.029	4.525	5.109	1,0%
Gás	1.235	2.088	2.407	2.903	3.670	1,8%
Nuclear	186	675	728	817	901	0,9%
Hidro	148	225	261	321	414	1,9%
Biomassa e resíduos***	748	1.045	1.186	1.375	1.662	1,4%
Outros renováveis	12	55	66	158	350	7,2%
Total	7.223	10.034	11.730	14.121	17.014	1,6%

* Milhões de toneladas equivalentes de petróleo
**Taxa média de crescimento anual
*** Inclui usos tradicionais e modernos

para a produção de eletricidade. A biomassa também pode ser aproveitada para a produção de eletricidade, porém, havendo opção, é melhor usar biomassa para produzir combustíveis líquidos.

A eletricidade representa apenas 16% do consumo total de energia do mundo, mas consome uma fração considerável da energia primária. Nos Estados Unidos, a produção de eletricidade consome 41% da energia primária, número típico de países que dependem fortemente de energia fóssil para a sua produção, porque a tecnologia de conversão térmica/eletricidade é pouco eficiente, com apenas 35% da energia primária convertida em eletricidade. O consumo pelo setor de transportes, naquele país, é de 29% do total. O Brasil é excepcional, pois boa parte de sua eletricidade é hídrica (mais de 70%), o que faz com que a fração total de energia primária usada para produzir eletricidade seja mais próxima do valor consumido. Por outro lado, seu setor de transportes consome cerca de 28% da energia primária, e o restante da energia é consumido pelos setores residencial, comercial, industrial e agrícola, sob várias formas. O petróleo tem também usos não energéticos, principalmente na indústria química. Isso mostra que, mesmo resolvidos os problemas de produção de eletricidade e de transporte, o problema de energia do mundo não estaria completamente resolvido, mas já teríamos avançado bastante.

Vamos, então, passar para a eletricidade e depois discutir os combustíveis.

Eletricidade

Há duas formas de medir eletricidade: pela capacidade instalada de produção, em geral expressa em unidades de potência (giga ou terawatts); e pela eletricidade gerada, em geral expressa em unidades de energia (giga ou terawatts-hora). A informação sobre a potência instalada é importante, porque ela nos dá uma ideia dos investimentos necessários. Por outro lado, a informação sobre a eletricidade efetivamente gerada tem muito a ver com seu custo para o consumidor final. Lembre-se de que a potência instalada precisa sempre ser corrigida por um fator menor do que 1 para levar em conta o tempo em que a usina não opera (por qualquer causa – de manutenção a falta de vento, por exemplo, em uma usina eólica).

O consumo de eletricidade em sua conta de luz está em unidade de quilowatt-hora (kWh). Levando-se em conta os bilhões de seres humanos que consomem eletricidade, a unidade apropriada para o consumo mundial de eletricidade é o bilhão de kWh, ou petawatt-hora (PWh). Em 1990, o consumo foi de 11,8 PWh; em 2005, de 17,3 PWh; em 2006, de 19 PWh; e, em 2007, de 19,9 PWh. Em 17 anos, o consumo de eletricidade aumentou por um fator de 1,7. Nesse mesmo período, a população do mundo passou de 5,3 bilhões para 6,5 bilhões, um fator de 1,16, ou seja, o consumo de eletricidade aumentou mais depressa do que a população, um sinal evidente de que, entre 1990 e 2007, em média, as pessoas ficaram mais ricas. O aumento de consumo se deu principalmente nos países em desenvolvimento da Ásia (sempre a Ásia! Esqueça seu curso de inglês e comece a aprender mandarim!).

Em 1990, o Brasil consumia meros 0,22 PWh; em 2007, 0,43 PWh. Ou seja, entre 1990 e 2007, o consumo de eletricidade no Brasil praticamente dobrou, e cresceu mais depressa do que o consumo no mundo. Faça uma pesquisa no site do IBGE (www.ibge.gov.br), descubra quanto a população do Brasil cresceu nesse período e compare com o crescimento do consumo de energia elétrica.

Os países em desenvolvimento consomem 25% a menos de eletricidade do que os países ricos, com uma projeção, para 2030, de consumirem quase 50% a mais do que esses países.

Eletricidade não sai do nada. Ela representa uma forma de energia obtida a partir de uma fonte primária. E quais são essas fontes?

O carvão ainda é o maior produtor de eletricidade no mundo (veja a Tab. 4.1). As fontes renováveis, incluindo a hidroeletricidade, contribuíram em 2005 com 18% do total, a maior parte de origem hídrica. Em 2030, esse porcentual cairá para 15%!

TAB. 4.1 FONTES PRIMÁRIAS DE ENERGIA ELÉTRICA

Fonte primária	2005 (real) em PWh	2030 (projeção) em PWh
Carvão	7,152	15,361
Gás natural	3,422	8,389
Renováveis (incl. Hidro)	3,160	4,996
Nuclear	2,630	3,754
Óleo combustível	0,956	0,764
Total	17,320	33,264

Em 2005, a participação do carvão na geração de eletricidade foi de 41%. Em 2030, a projeção é que essa participação aumente para 46%! É claro que, como toda projeção, pode estar errada, mas ela mostra que os especialistas esperam que o carvão continue a ser queimado para produzir eletricidade, por causa do enorme aumento da demanda em países como China e Índia, e por causa do baixo preço (hoje) do carvão. Naturalmente, é possível que a crescente evidência de mudanças climáticas leve a pressões políticas para controlar as emissões de CO_2 e altere esse panorama, pois o carvão, de todos os combustíveis fósseis, é o que mais emite esse gás quando queimado. Infelizmente, o país que mais queimará carvão para produzir eletricidade (a China) é, também, o menos suscetível a pressões políticas populares.

A participação das fontes renováveis na produção de eletricidade, no mesmo período, ainda de acordo com as projeções, deve cair de 18% para 15%! Não parece uma perspectiva muito animadora, parece? Pois é, sem uma ação política clara da comunidade internacional, é o que vai acontecer, por razões econômicas muito simples: as pessoas querem eletricidade. Muitos países pobres estão se desenvolvendo e precisam dar a seu povo os confortos mínimos da civilização, entre os quais, essa forma de energia. Entretanto, a forma mais barata de produzir eletricidade ainda é queimando carvão para produzir vapor, que vai acionar uma turbina, que aciona um gerador. A geração a partir de fontes renováveis é cara demais, e apenas os países mais ricos, com populações menores, podem se dar ao luxo de usá-las. É, parece que o mundo está numa sinuca de bico, não é? Uma das coisas que este livrinho gostaria de fazer é preparar você, como cidadão de uma democracia, para pensar claramente no impacto das decisões sobre energia.

A Ásia vai dominar o século XXI, por causa da sua grande população, e na Tab. 4.2 está o consumo atual e o esperado de eletricidade nos países em desenvolvimento daquele continente (sem o Japão e a Coreia do Sul). Em 2005, os países asiáticos eram responsáveis por 23% do consumo de eletricidade. Em 2030, o porcentual subirá para 39%.

Várias coisas chamam a atenção na Tab. 4.2. Em primeiro lugar, o crescimento, por um fator de 3,3, esperado no consumo de eletricidade. A projeção é que, em 2030, os países emergentes da Ásia estarão consumindo 39% da eletricidade do mundo, enquanto em 2005 eles consumiam 23%. Em segundo lugar, a crescente participação do carvão como fonte primária e, em terceiro, um aumento expressivo (por um fator de 5,8) da geração a partir de renováveis, mais do que o aumento do nuclear (4,4) ou do próprio carvão (3,5). Mas isso, infelizmente, a partir de uma base muito pequena, o que deixará as fontes renováveis ainda lá trás. Em quarto lugar, na Ásia, como no resto do mundo, o óleo combustível tende a desaparecer como fonte primária de energia na geração de eletricidade, pela razão óbvia de custo muito elevado.

Para gerar toda essa nova eletricidade no mundo, serão necessários investimentos. Novamente, vamos ver o que nos diz a Agência Internacional de Energia (Fig. 4.1). Em 2006, o mundo investiu US$ 200 bilhões em novas usinas geradoras de eletricidade, com mais da metade aplicada em fontes renováveis. A estimativa para 2030 é que esse número cresça para mais de US$ 300 milhões, com a fatia de renováveis chegando perto de US$ 200 bilhões, mas o investimento em usinas alimentadas a combustíveis fósseis não vai diminuir durante esse período. O investimento total esperado entre 2006 e 2030 está próximo dos US$ 6 trilhões. É por isso que você foi avisado de que energia é um grande negócio!

4.1 Alternativas para o futuro

Vamos ver o que o futuro nos reserva. Ao discutir alternativas futuras, temos de levar em conta algumas questões importantes:

1. A alternativa deve ter um menor impacto ambiental do que os combustíveis fósseis. Obviamente, você não quer trocar seis por meia dúzia. As novas energias têm de ser mais limpas do que as energias fósseis.

2. A tecnologia tem de estar em fase adiantada de desenvolvimento ou já estar desenvolvida. Investidores de "risco" podem colocar seu dinheiro em tecnologias em fase de desenvolvimento. Eles se dispõem a correr o risco de perder seu dinheiro, na perspectiva de, se a aposta der certo, ganhar muito mais. Mas nenhum país investe na construção de uma infraestrutura de energia se a tecnologia não estiver disponível e, ao menos, uma parte significativa dos problemas de engenharia não estiver resolvida.

3. A fonte tem de ser renovável e capaz de atender à demanda. Não basta que a fonte seja renovável, como a energia das ondas, se ela não

Tab. 4.2 Contribuição da produção de eletricidade pelos países em desenvolvimento da Ásia

Fonte primária	2005 (atual) PWh	2030 (projeção) PWh
Carvão	2,64 (67%)	9,30 (72%)
Gás natural	0,62	1,13
Nuclear	0,39	1,71
Óleo combustível	0,16	0,12
Renováveis	0,11	0,64
Total	3,92	12,90

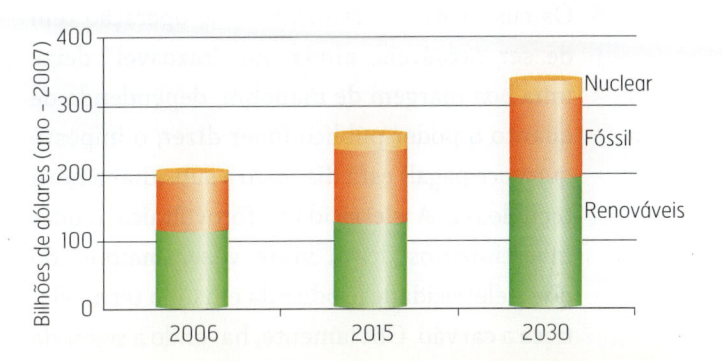

Fig. 4.1 Investimentos realizados (2006) e esperados no mundo para gerar eletricidade, por tipo de fonte primária. Note que, a 100 bilhões de dólares por ano, em dez anos os investimentos atingem um trilhão de dólares

é capaz de suprir a demanda esperada com a tecnologia existente, por um custo aceitável.

4. Os recursos energéticos disponíveis têm de ser compatíveis com a escala das necessidades (oferta e demanda). Apesar de "pequeno ser bonito", energia não é um negócio pequeno. É claro que, localmente, uma solução de eletricidade geotérmica pode ser adequada para um país como a Islândia (300 mil habitantes), mas não é para um país como o Brasil (190 milhões de habitantes).

5. Os custos de investimento e de operação têm de ser razoáveis, ainda que "razoável" deixe uma boa margem de manobra, dependendo de quanto o poder público (quer dizer, o imposto que você paga!) está disposto a subsidiar a nova tecnologia. A eletricidade fotovoltaica requer investimentos dez a vinte vezes maiores do que a eletricidade produzida em uma termoelétrica a carvão. Obviamente, havendo a segunda opção, ela será a escolhida, apesar dos custos ambientais.

6. A infraestrutura necessária precisa existir ou poder ser instalada com custos e prazos compatíveis com a substituição de fontes não renováveis. No caso da eletricidade, os sistemas nacionais existentes foram construídos por um modelo com um número reduzido de grandes centros geradores, a partir dos quais a eletricidade é distribuída. Um modelo alternativo de rede, com um grande número de pequenos centros geradores alimentando uma grande rede nacional, é concebível, mas vai requerer uma nova concepção de engenharia e investimentos substanciais para ser construído.

Finalmente, a energia necessária para produzir os equipamentos e distribuir a energia produzida deve ser inferior ao total de energia que a instalação pode prover ao longo de sua vida útil. Isto é, o "balanço" energético da operação deve ser positivo, pois, se você tiver de gastar mais de uma unidade de energia para cada unidade de energia produzida, no longo prazo seu negócio vai quebrar. Infelizmente, essa informação é difícil de obter, pois são poucos os casos em que ela foi cuidadosamente estudada. Mencionaremos um desses casos quando abordarmos a cana-de-açúcar brasileira.

Escolhemos três alternativas de eletricidade renovável para examinar com mais atenção: duas delas são uma forma de energia solar, indireta no caso da eletricidade eólica, e direta no caso da eletricidade fotovoltaica; a terceira é a eletricidade geotérmica, cuja fonte primária de energia é o calor da Terra. Essa escolha baseia-se no atendimento dos critérios apresentados.

4.2 Energia dos ventos, eletricidade eólica

Há muito tempo, quando o Brasil ainda era um país rural, no interior do Rio Grande do Sul, onde o autor morava, as fazendas possuíam cata-ventos usados para gerar energia, em geral para tirar água de poços. Desde então, os cata-ventos foram promovidos a energia eólica (de Eolus, deus grego dos ventos). Da mesma forma que uma usina hidrelétrica captura a energia potencial gravitacional da água (transformada em energia cinética), uma usina de energia eólica captura a energia cinética da atmosfera, ou seja, dos movimentos do ar. Ao contrário da energia hidrelétrica, que exige a construção de barragens e reservatórios para armazenar a água, o vento é aproveitado direto da Natureza. A vantagem óbvia é que o vento não custa nada.

A conversão da energia eólica em energia elétrica requer um rotor (hélice) e engrenagens mecânicas para converter a energia do vento em energia mecânica, usada para acionar um gerador. Nos cata-ventos modernos, os rotores podem ser muito grandes, com quase 100 m de diâmetro, a fim de capturar o máximo de energia possível. Ao contrário da energia hidrelétrica, em que o movimento das turbinas é controlável, pois o fluxo de água pode ser alterado para garantir uma velocidade que otimize a geração de energia elétrica, não há forma barata de controlar a velocidade do vento, a qual pode variar entre zero e mais de cem quilômetros por hora. Esse fato complica a engenharia dos coletores de energia eólica, pois existe apenas uma faixa de velocidade do vento para a qual o gerador de eletricidade pode ser otimizado. Mas esses problemas de engenharia encontram-se resolvidos em grande parte.

O impacto ambiental direto de cata-ventos parece ser pequeno, especialmente quando colocados no mar, mas eles têm alguns problemas, como o ruído, que se resolve ao não colocá-los muito próximos de habitações. O outro problema é o potencial de colisão de pássaros com as lâminas dos cata-ventos, e a solução é evitar colocar usinas eólicas em regiões de migrações. Morcegos também sofrem com cata-ventos, não por colidirem com as lâminas (aparentemente são mais espertos que pássaros), mas porque a diferença de pressão entre a parte frontal e a parte traseira do cata-vento provoca a explosão de seu sistema circulatório, atestada por autópsias efetuadas em morcegos mortos nas vizinhanças dos cata-ventos. Talvez seja necessário introduzir alguns espanta-morcegos nas suas vizinhanças.

Outro problema ambiental da energia eólica é a baixa densidade de potência, ou seja, uma usina eólica precisa ocupar um grande espaço. Isso não chega a ser um grande problema, uma vez que a terra debaixo dos cata-ventos pode ser usada para a agricultura, ou, em muitos casos, os cata-ventos são colocados no mar, em zonas costeiras, como é o caso da Dinamarca, apesar de encarecer a instalação e a manutenção.

A tecnologia dos cata-ventos não chega a ser moderna. Ao mesmo tempo, novos materiais e novos projetos de engenharia permitem reduzir os custos de construção e ganhar durabilidade, o que faz com que continue evoluindo. A tecnologia da energia eólica está muito mais disponível para o mercado do que a da energia fotovoltaica, em grande parte por causa de seu custo menor. Isso explica por que a geração eólica de eletricidade é hoje muito mais difundida do que a fotovoltaica.

Quanto à energia eólica ser uma fonte renovável, não precisamos ter dúvidas. Enquanto houver atmosfera na Terra, haverá ventos. Cerca de 3.600 TW de energia solar são continuamente transformados em ventos na atmosfera terrestre. Entretanto, apenas um terço dessa potência está em ventos próximos à superfície (até um quilômetro acima do nível do mar). Além do mais, como 2/3 da superfície do planeta são recobertos por oceanos, de fato, sobre massas terrestres, a potência dos ventos não passa de 400 TW. Mesmo assim, representa dezenas de vezes a potência consumida pela humanidade. Infelizmente, há dois problemas que reduzem bastante esse número. O primeiro é que a superfície que efetivamente pode ser coberta por cata-ventos é limitada pela disponibilidade de áreas com os ventos adequados, que não são uniformemente distribuídos. Zonas costeiras tendem a ser mais favoráveis para a instalação de usinas eólicas. Não é possível precisar a potência de fato disponível, mas 10% do total é uma estimativa aceitável. Portanto, há 40 TW de disponibilidade total do recurso energético eólico. O segundo problema é mais técnico: a Física mostra que a potência do vento cresce com o cubo da velocidade do ar, ou seja, a potência de um vento de 50 km/h é mil vezes maior do que a de uma leve brisa de 5 km/h. A de um furacão de 150 km/h, por outro lado, é 27 mil vezes maior. A dependência com o cubo da velocidade é que dá o poder de destruição ao vento. Por outro lado, significa também que grande parte da potência dos estimados 40 TW está contida em ventos rápidos demais para serem usados praticamente, pois os cata-ventos são desenhados para desligarem quando a velocidade do vento se torna maior do que 90 km/h. Computando-se todas essas limitações, a potência eólica utilizável total no mundo deve estar por volta de uma dezena de terawatts.

É preciso lembrar que o fator de utilização médio de uma turbina eólica é de 20%, o que limita a participação da componente eólica no fornecimento da eletricidade de base de um país.

Os custos da energia eólica são elevados, tanto em investimento quanto em operação, se comparados aos da energia hidrelétrica ou térmica a carvão. Uma usina eólica em terra requer investimentos de cerca de US$ 1.600/kW. Porém, se for no mar, os investimentos podem ser de US$ 2.400 a 3.000/kW. Em uma instalação projetada para Osório, no Rio Grande do Sul (Fig. 4.2), estimam-se investimentos de R$ 800 milhões para uma potência instalada de 150 MW, ou seja, R$ 5.300/kW. Os custos de operação são baixos, em especial porque o combustível tem custo zero, mas lembre-se de que o fator de utilização é baixo, o que tende a encarecer a eletricidade gerada. O preço da eletricidade eólica está na faixa de US$ 50 a US$ 90 por MWh, mas a grande vantagem ambiental faz a energia eólica disparar.

No final de 2006, a capacidade de geração eólica instalada no mundo era de 72 GW, com 160 TWh de eletricidade produzida. Use esses dois números para calcular o fator médio de utilização em 2006. A expectativa é que, ao final de 2010, a capacidade instalada no mundo seja de 150 GW – ainda longe do número mágico de 1 TW, mas um respeitável crescimento por um fator de 2 em quatro anos.

O potencial da energia eólica no Brasil é estimado em 140 GW. No final de 2006, havia cerca de 160 MW instalados, praticamente um fator de 1.000 abaixo do potencial estimado. Em 2005, a capacidade instalada era de 29 MW, para uma produção de 65 GWh; portanto, um fator de utilização (26%) um pouco acima da média mundial.

Quanto à distribuição, a eletricidade eólica não enfrenta muitos obstáculos, podendo ser ligada às redes existentes. No caso brasileiro, uma das regiões mais propícias para a energia eólica é a costa do Nordeste, onde há uma constante brisa marinha. A densidade de potência utilizável não é muito elevada (cerca de 130 W/m^2), mas há a grande vantagem da constância em velocidade e direção; além do mais, há também a proximidade de grandes centros consumidores. Como a água é escassa no Nordeste, a geração eólica permite uma alternativa econômica interessante.

A Alemanha é o país com a maior capacidade de geração eólica: 5% da geração total do país; na Dinamarca (um país pequeno, 5,5 milhões de habitantes), a energia eólica responde por 13% da geração total.

Tab. 4.3 Os dez maiores países usuários de eletricidade eólica em 2006

País	Capacidade (GW)	Produção (TWh)	Parcela da geração total (%)
Alemanha	20,6	30,7	4,9
Espanha	11,6	23,0	7,7
Estados Unidos	11,6	26,7	0,6
Índia	6,3	8,0	1,1
Dinamarca	3,1	6,1	13,4
China	2,6	3,9	0,1
Itália	2,1	3,0	1,0
Reino Unido	2,0	4,2	1,1
Portugal	1,7	2,9	6,0
França	1,6	2,2	0,4

Fonte: Agência Internacional de Energia (IEA).

Fig. 4.2 Parque eólico Osório – RS, Brasil

As projeções para o futuro, segundo o Global Wind Energy Council/GWEC (www.gwec.net/), estão na Tab. 4.4, que você pode usar para fazer duas contas úteis: calcule o custo do kW instalado de potência eólica; depois calcule o fator médio de utilização projetado pelo GWEC. O que você acha desses números? Uma pista: eles são excessivamente otimistas.

A diferença entre os três cenários (referência, moderado e avançado) é determinada pelo nível de investimentos anuais (em bilhões de euros). O cenário mais otimista prevê que 29% da eletricidade mundial poderia ser suprida por energia eólica em 2050, mas esse cenário dificilmente irá se materializar, em razão dos problemas de estabilidade das redes elétricas nacionais alimentadas por uma fonte instável como a eólica.

4.3 Energia Solar, Eletricidade Fotovoltaica

A eletricidade fotovoltaica é, de todas as formas de energias renováveis, a mais atraente, pela possibilidade de converter a energia solar em eletricidade sem nenhum processo térmico ou mecânico intermediário. É difícil imaginar uma tecnologia mais simpática e com mais ardorosos defensores. Como vimos na fotossíntese, as plantas convertem a energia solar em energia química. Porém, no início do processo, há a conversão da energia de fótons em elétrons e prótons, isto é, em correntes elétricas. É esse processo natural que a eletricidade fotovoltaica procura imitar.

Enquanto a energia eólica é fácil de entender sem muito conhecimento científico – afinal, todos nós brincamos com cata-ventos quando crianças –, a energia fotovoltaica só pode ser entendida com boa dose de ciência. Talvez você tenha de aceitar muitas das afirmações feitas aqui, confiando no autor. Isso é muito ruim. Por princípio, você deve sempre desconfiar de "autoridades", sejam elas acadêmicas, políticas, militares ou religiosas. Mas, com o tempo, se essa for a sua inclinação, você pode aprender o que for necessário para julgar por si próprio.

A energia fotovoltaica consiste na conversão direta de energia eletromagnética proveniente do Sol em corrente elétrica contínua. O dispositivo fotovoltaico (Fig. 4.4) – que, no caso mais simples, é um semicondutor, como o silício – absorve um fóton incidente, gerando um par elétron (negativo)/buraco (positivo) em seu interior. Se houver um circuito elétrico conectado aos terminais externos do dispositivo, uma corrente elétrica será gerada.

A tecnologia da eletricidade fotovoltaica é bem conhecida e uma de suas primeiras e maiores aplicações é

Tab. 4.4 Projeções de crescimento da produção de eletricidade eólica até 2020 e 2050

		Capacidade (GW)	Capacidade anual instalada (GW)	Produção (TWh)	Eletricidade (%)	Investimentos anuais (bilhões de euros)
Cenário 2020	Referência	352	24	864	4,1	32
	Moderado	709	82	1.740	8,2	89
	Avançado	1.081	143	2.651	12,6	149
Cenário 2050	Referência	679	37	1.783	5,8	47
	Moderado	1.834	100	4.818	15,6	104
	Avançado	3.498	165	9.088	29,5	168

Fonte: Conselho Mundial de Energia Eólica.

para a geração de energia em satélites artificiais. A eletricidade fotovoltaica é também muito usada em comunidades isoladas, onde não chegam linhas de transmissão convencionais. Mais recentemente, ela foi difundida para uso doméstico, complementando o fornecimento de energia elétrica pela rede e, em alguns países, notadamente Alemanha, Estados Unidos e Espanha, há usinas fotovoltaicas integradas à rede nacional. Entretanto, pelo seu alto custo, a eletricidade fotovoltaica só se viabiliza em aplicações em que custo não é um problema, onde não há outras alternativas

quadro 4.1 O QUE É UM TERAWATT EÓLICO?

A energia eólica é uma energia de densidade rapidamente variável com a velocidade do vento (ela varia com o cubo da velocidade), um fato que complica o projeto de geradores eólicos. Um exemplo é o gerador Boeing Modelo 2, com um rotor de 91,5 m de diâmetro e que entrega uma potência constante de 2,5 MW para ventos com velocidades entre 12,5 m/s e 25 m/s (90 km/h), ainda que a potência do vento varie de um fator de 8 entre as duas velocidades. Acima dessa velocidade, ele se desliga. Por área varrida pelo rotor, os 2,5 MW correspondem a uma densidade de potência de 380 W/m^2. Em uma usina eólica, os cata-ventos têm de ser distribuídos de forma a interferir o mínimo possível uns com os outros, e podem ser alinhados próximos uns dos outros na direção dos ventos, mas a distância entre as linhas tem de ser grande para que uma não interfira com a outra. Para estimar a densidade de potência, vamos usar a usina eólica de Horns Rev, na Dinamarca (Fig. 4.3), que consiste de 80 turbinas, com pás de 80 m de diâmetro, com potência de pico de 2 MW. As turbinas estão espaçadas por sete diâmetros das pás nas direções transversal e longitudinal. A área total ocupada por cada turbina é de 310.000 m^2, resultando em uma densidade de potência de pico de 6,5 W/m^2.

Fig. 4.3 Usina eólica de Horns Rev, Dinamarca
Fonte: <www.hornsrev.dk/Engelsk/default_ie.htm>.

Dividindo 1 TW por 6,5 W/m^2, chegamos ao resultado de 154.000 km^2! Naturalmente, não estamos falando de uma área contínua de 154.000 km^2, mas da área total que seria necessária para instalar 1 TW de potência eólica, somadas as áreas de muitas usinas pequenas. Com um fator de utilização bastante realista de 18%, a instalação produziria, em um ano, 1,6 PWh de eletricidade, cerca de 5% das necessidades projetadas para 2030. Sem os investimentos de transmissão, essa instalação custaria algo em torno de 2 a 4 trilhões de dólares.

aceitáveis, ou graças a subsídios governamentais. Recentemente (início de 2009), a Espanha foi sacudida por um escândalo sobre o mau uso desses subsídios – lá, como aqui, se o governo quer dar dinheiro, sempre há aproveitadores desonestos.

A energia elétrica fotovoltaica tem três limitações fundamentais:

1. os fótons da luz solar são mais abundantes para energias baixas. Na faixa do violeta, por exemplo, na qual a energia de um fóton de 400 nm de comprimento de onda corresponde a 3,1 eV (elétron-volts), a intensidade do espectro solar é decrescente;
2. os materiais utilizados para a absorção da energia solar: em geral, quanto menor a energia necessária para produzir um par elétron-buraco, tanto melhor eles se locomovem dentro do material, facilitando sua extração. Mas isso limita a voltagem máxima que se pode obter do dispositivo isolado;
3. fótons com energias muito maiores do que a energia mínima têm sua energia excedente transformada em calor, não em energia elétrica.

Esses fatos, mais algumas limitações de engenharia, fazem com que os dispositivos fotovoltaicos não consigam aproveitar integralmente a energia solar. Eficiências de 15% são típicas dos melhores dispositivos comerciais existentes, ainda que, em laboratório, eficiências maiores, de até 40%, sejam possíveis. Entretanto, o custo desses dispositivos de altíssima eficiência inviabiliza a sua ampla aplicação comercial.

Uma usina geradora de eletricidade caracteriza-se por seu fator de utilização, isto é, a razão entre a potência que efetivamente entrega e a potência nominal instalada. Como vimos, as usinas nucleares têm fatores de utilização de 85% (nos Estados Unidos, em 2007, esse fator chegou a 92%!). Grandes hidrelétricas têm fatores de utilização em torno de 55%. A média mundial, incluindo grandes e pequenas instalações hidrelétricas, é de cerca de 40%. Uma usina fotovoltaica, na bem ensolarada Califórnia, segundo medidas efetuadas em instalação industrial existente, tem fator de utilização de 16%, enquanto na Alemanha esse valor é muito menor, de 11%. Isso quer dizer que uma usina fotovoltaica de potência nominal de 1 GigaW (1/12 de Itaipu nominal, se existisse) entregaria 160 MW na Califórnia e 110 MW na Alemanha, enquanto 1 GW de Itaipu entrega algo como 550 MW para a rede. Isso significa que o custo de investimento do kW instalado de uma usina fotovoltaica teria de ser 3 a 5 vezes menor do que de uma hidrelétrica para ser competitivo como elemento de uma rede nacional.

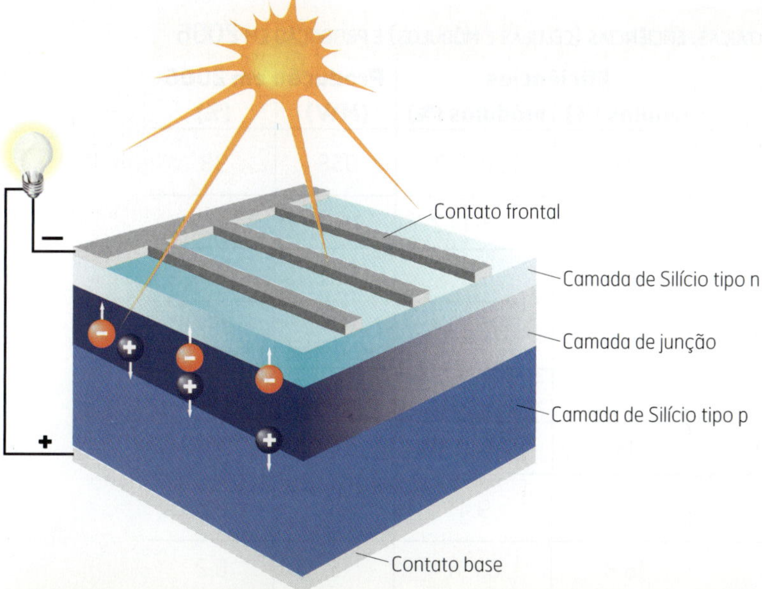

Com esses fatores de utilização, não é viável usar exclusivamente eletricidade fotovoltaica para alimentar uma rede nacional. Na ausência de esquemas maciços de armazenamento, para os quais a tecnologia não existe, energias fotovoltaica e eólica serão sempre supridoras de potência adicional em períodos de pico de demanda, ou contri-

Fig. 4.4 Composição e funcionamento de uma célula fotovoltaica cristalina

buintes para uma rede nacional, a partir de fornecedores distribuídos.

É preciso considerar, ainda, os investimentos necessários. Os números mais recentes sobre usinas fotovoltaicas citam custos da ordem de cinco mil dólares por kW, mas a realidade de construção parece mostrar valores mais próximos de sete mil dólares por kW. O custo de uma hidrelétrica no Brasil está em torno de dois mil dólares por kW instalado. Com fatores de utilização médios para usinas fotovoltaicas e hidrelétricas, respectivamente, de 20% e 50%, os investimentos nas primeiras custam de 6 a 9 vezes mais do que nas segundas. Para competir com a hidroeletricidade, uma usina fotovoltaica no Brasil teria de custar, mesmo fazendo concessões à necessidade de produzir mais eletricidade limpa, bem menos do que mil dolares por kW.

Cabe lembrar que a eletricidade fotovoltaica é de baixa voltagem (limitada pelo "gap" dos semicondutores usados). Para aumentar a voltagem, é preciso colocar os fotodiodos em série, mas, nesse caso, a corrente final é controlada pelo fotodiodo de menor corrente, o que aumenta a resistência interna – portanto, as perdas de energia útil. Tão grave quanto as perdas internas é o fato de que basta que uma porção da placa coletora seja obscurecida para que caia a corrente da placa toda. Para integrar a usina na rede, converte-se uma corrente contínua em corrente alternada da frequência certa e eleva-se a voltagem. Há perdas adicionais, que não são normalmente consideradas pelos proponentes da alternativa fotovoltaica, os quais tendem a se concentrar na questão da eficiência de conversão da energia solar em elétrica. Entretanto, a eficiência das células fotovoltaicas é, como dizem os romances policiais, uma pista falsa. O mundo precisa de uma célula barata para uma aplicação maciça, cuja produção consuma bem menos energia do que a célula pode prover durante sua vida útil e que permita custos de investimentos em uma usina prontinha para funcionar, de algumas centenas de dólares por kW instalado. A eficiência é um parâmetro de baixa prioridade, exceto para aplicações especiais, em que custo é irrelevante, como a área espacial. Na Tab. 4.5 são apresentados os tipos mais comuns de células fotovoltaicas, com suas respectivas eficiências.

O maior problema ambiental da energia fotovoltaica está no espaço

Tab. 4.5 Tipos de células fotovoltaicas, eficiências (células e módulos) e produção em 2006

		Eficiências		Produção em 2006	
		células (%)	módulos (%)	(MW)	(%)
Cristalina	Silício monocristalino (Si)	24	13,8-17,7	958	38
	Silício policristalino	18,2	12,8-14,2	1.174	47,1
	Silício em fitas	—	12,7	68	2,7
	Gálio arsênico (GaAs)	25-30	—	não disponível	não disponível
	Outros silícios cristalinos	—	—	150	6
Filmes finos (película delgada)	Silício amorfo (a-Si)	13	4,9-6,3	98	3,9
	Telureto de Cádmio (CdTe)	16	9,4	68	2,7
	CSI/CIGS	18,8	8,1-11	5	0,2
Total				2.521	

Fonte: <www.css.snre.umich.edu/css_doc/CSS07-08.pdf>.

requerido para instalar os coletores. Lembre-se de que a energia solar é de baixa densidade – em média, 200 W/m². Usinas fotovoltaicas instaladas em Portugal (Fig. 4.5) e na Espanha, regiões ensolaradas, apresentam uma densidade de potência de 18 W/m². Com as ineficiências dos sistemas, uma decorrente da capacidade intrínseca de transformar fótons em corrente elétrica e outra, das flutuações da energia solar incidente (nuvens, rotação da Terra), uma usina de 1 GW, em uma região com uma insolação anual média de 2.000 kWh/(m²-ano) – como o Brasil –, precisaria de uma área de coleta da ordem de 50 km². Uma usina comparável a Itaipu (14 GW) teria de coletar energia solar em uma área de 700 km². Entretanto, levando-se em conta o fator de utilização ao menos duas vezes maior de uma hidrelétrica, para prover a mesma quantidade de eletricidade, a área total superaria a área do reservatório de Itaipu, cuja área alagada é de 1.350 km². A diferença é que a usina fotovoltaica poderia ser instalada em uma região desértica, com menor impacto ambiental.

Outra forma possível de produzir eletricidade a partir do Sol é a rota térmica, com espelhos concentradores para focar a luz solar e aquecer um reservatório a temperaturas que podem chegar a mais de 1.000°C. O vapor pode, então, ser utilizado para gerar eletricidade como em qualquer outra usina termoelétrica. Apesar de essa tecnologia ser atraente, ela é negativamente impactada pelas flutuações da energia solar. Enquanto uma usina termoelétrica a carvão funciona 24 horas por dia, uma usina solar térmica não pode operar quando não há sol. Por essa razão, a geração de eletricidade solar térmica no mundo ainda é muito reduzida, e não vamos tratar dela aqui.

Em resumo, apesar dos problemas ainda não resolvidos, os recursos da energia solar fotovoltaica ou térmica existem em quantidade muito superior às necessidades atuais e futuras da humanidade. Não se questiona a disponibilidade da energia solar abundante pelos próximos cinco bilhões de anos. É o que encoraja

Fig. 4.5 Usina fotovoltaica em Serpa, Portugal
Fonte: <http://en.wikipedia.org/wiki/File:SolarPowerPlantSerpa.jpg >.

seus proponentes a defender essa forma de produção de eletricidade, apesar de seus custos muito pouco competitivos.

Segundo as projeções da Agência Internacional de Energia, em 2030, a energia solar fotovoltaica gerará cerca de 200 TWh de eletricidade de fonte renovável e será a quinta fonte dessa energia, atrás da hidroeletricidade (aprox. 1.100 TWh), da energia eólica terrestre (550 TWh), da biomassa (420 TWh) e da energia eólica marítima (250 TWh). A eletricidade solar térmica contribuirá com menos da metade da eletricidade fotovoltaica. Como a projeção de consumo total de energia elétrica para aquele ano é de 33.200 TWh, a eletricidade fotovoltaica estará participando com 0,6 % do total! Isso, se as taxas de crescimento da produção de painéis fotovoltaicos (Fig. 4.6) continuarem por vários anos. Na Fig. 4.7, podemos ver as projeções da Agência para o crescimento das várias tecnologias de produção de eletricidade de fontes renováveis entre 2006-2015 e entre 2015-2030.

4.4 Energia que vem do centro da Terra: energia geotérmica

O centro da Terra é muito quente. Sua temperatura é de 7.000°C. O calor produzido é grande e se difunde até a superfície, mas a densidade média é muito baixa: cerca de 60 mW/m^2 (miliwatts), três ordens de grandeza (um fator de mil) menor do que a densidade da energia solar. Como sempre, baixa densidade significa grandes áreas de coleta ou usos locais muito específicos, onde a densidade de potência é muito maior do que a média. Trata-se de regiões de grande atividade sísmica ou vulcânica, no limite

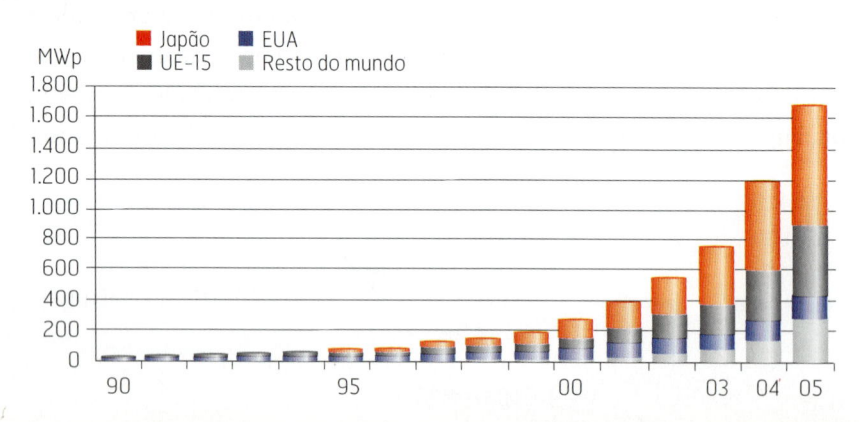

Fig. 4.6 Produção mundial de painéis fotovoltaicos em unidades de milhões de watts de pico
Fonte: European Photovoltaic Industry Association (EPIA) – P. Maycock

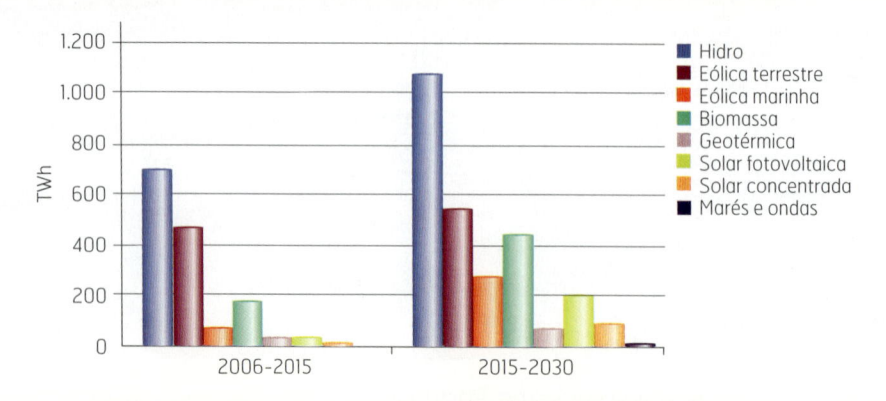

Fig. 4.7 Crescimento mundial da eletricidade de fontes primárias renováveis

entre placas tectônicas (as grandes massas da crosta terrestre que flutuam sobre o magma líquido). Nessas regiões, a energia geotérmica é mais facilmente acessível, sem a necessidade de escavações profundas.

No Brasil, há várias fontes térmicas que costumam ser exploradas pela indústria do turismo, como as de Caldas Novas, em Goiás (Fig. 4.8). A energia térmica pode ser aproveitada também para o aquecimento ou resfriamento ambiental, uma aplicação ainda muito restrita no Brasil.

Ao contrário das energias eólica e solar, o suprimento de energia geotérmica é constante. A eletricidade de uma usina geotérmica é comparável à produzida em usinas termo ou hidroelétricas e pode ser usada para prover a carga de base de uma rede nacional. A Tab. 4.6 mostra a situação, em 2001, de quatro fontes renováveis de eletricidade, quando havia três vezes mais capacidade instalada de energia eólica do que de geotérmica. Por causa do baixo fator de utilização da energia eólica, o primeiro lugar na produção de eletricidade ficou com as usinas geotérmicas, o que prova aquele velho adágio de que é melhor ter pouco de uma boa coisa por muito tempo, do que muito de uma coisa boa por pouco tempo.

Podemos ver (Fig. 4.9) que a maior capacidade instalada da energia geotérmica é para uso direto: para aquecimento. Em 2004, a eletricidade total fornecida por usinas geotérmicas foi de 55.000 GWh – pouco (0,3%), se comparado aos 17.300.000 GWh produzidos por todas as fontes, mas não faz feio diante de outras fontes renováveis. Apesar de os recursos disponíveis de energia geotérmica serem grandes (42 TW), sua utilização é muito limitada e essa forma de energia não tem condições de suprir as dezenas de TWs de que precisamos.

Tab. 4.6 Capacidade instalada e eletricidade produzida, em 2001, de fontes primárias renováveis

	Capacidade operacional		Produção anual	
	(GW$_e$)	(%)	(TWh)	(%)
Geotérmica	8	24,4	53	53,8
Eólica	23	70,1	43	43,7
Solar	1,5	4,6	1,9	1,9
Marés	0,3	0,9	0,6	0,6
Total	32,8	100,0	98,5	100,0

Fonte: *World Energy Assessment* (2004).

Fig. 4.8 Lagoa quente de Pirapitinga, Caldas Novas, GO

A densidade média de energia geotérmica é muito baixa: cerca de 60 mW/m^2 nas áreas continentais da Terra. É uma média enganosa, pois a energia geotérmica pode ter manifestações catastróficas, como as grandes explosões vulcânicas. Estas são, porém, altamente localizadas. Como fonte de energia primária em escala global, a energia geotérmica será sempre limitada pelos recursos disponíveis. Não vamos calcular o que seria um terawatt de energia geotérmica porque os recursos totais que podem ser aproveitados não chegam a 15% disso, ou seja, entre 70 e 140 GW, segundo diferentes estimativas.

Neste capítulo, analisamos três formas de energias renováveis para a produção de eletricidade: eólica, solar e geotérmica. As duas primeiras são abundantes, mas sofrem de um problema de difícil solução: a inconstância dos ventos e a variabilidade da iluminação solar. A terceira é menos abundante, mas tem a vantagem de ser extremamente regular.

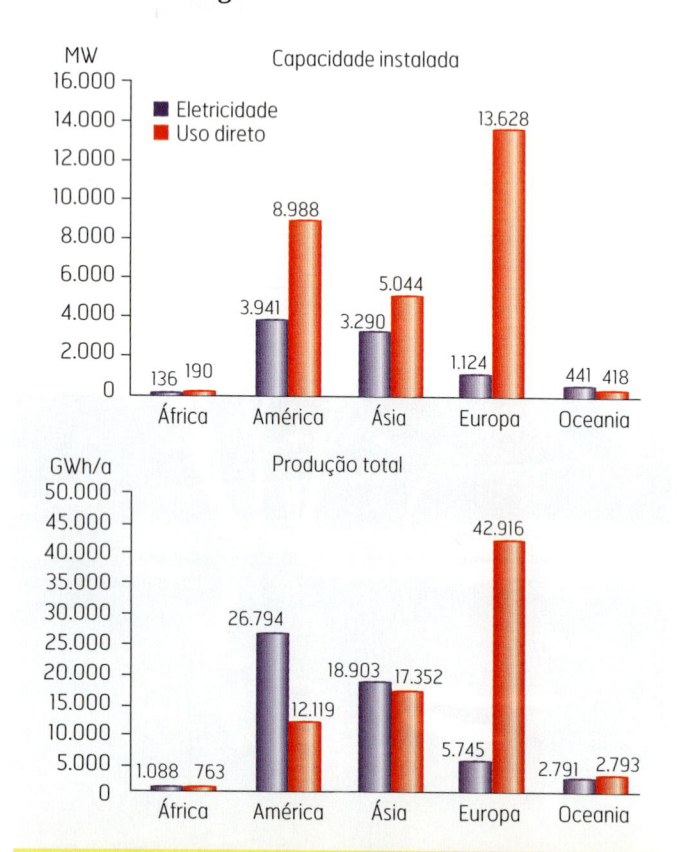

Fig. 4.9 Capacidade instalada e energia geotérmica produzida, em 2004, em diferentes regiões do mundo. Fonte: World Energy Council /2007 - Survey of Energy Resources (www.worldenergy.org).

A energia eólica é localizada geograficamente. Nem todas as regiões dispõem de ventos constantes o suficiente para justificar instalações em grande escala. Regiões assim tendem a ser costeiras. A tecnologia está disponível e seu custo é razoável; portanto, é previsível que a implantação de usinas eólicas cresça bastante nas próximas décadas. Contudo, ela jamais poderá prover a eletricidade de base de um país, a menos que importantes progressos ocorram na armazenagem de eletricidade.

A energia solar, em princípio, está disponível em praticamente todas as regiões habitáveis do globo, mas, sobretudo, em regiões de baixas e médias latitudes. Tecnologicamente, ainda oferece muitos desafios, pois sua difusão é limitada pelo alto custo. No futuro, sua difusão será limitada pelo baixo fator de utilização, a menos que, como no caso da energia eólica, o problema de armazenamento seja resolvido. Grandes esquemas de produção maciça de eletricidade fotovoltaica aproveitando, por exemplo, os desertos terrestres ou mesmo a possibilidade de geração no espaço (onde o problema de fator de utilização não existe), dependem de questões políticas e de sistemas de transmissão cuja solução está longe de ser atingida.

A energia geotérmica está, via de regra, disponível em todas as regiões, mas seu aproveitamento para a geração de energia elétrica depende da fácil acessibilidade, o que acontece apenas em regiões onde há placas tectônicas. Apesar da tecnologia disponível, ela continuará a ser importante apenas em alguns poucos países, e sua difusão generalizada será limitada pelo acesso a recursos geotérmicos significativos.

As alternativas para o futuro são, ao mesmo tempo, promissoras e limitadas. É difícil ver, neste momento, como serão produzidos os terawatts necessários para substituir, nas próximas duas ou três décadas, a produção de eletricidade a partir de combustíveis fósseis. Provavelmente, a transição tomará um bom período do século XXI, o que mostra que não há solução simples para o problema e, no futuro, toda a questão de produção e distribuição de eletricidade terá de ser repensada, talvez com soluções locais e distribuição diferente do modelo altamente centralizado de produção empregado hoje.

quadro 4.2 O QUE É UM TERAWATT FOTOVOLTAICO?

Em instalações fotovoltaicas existentes, a densidade de potência raramente supera 20 W_p/m^2. Como em outras formas de energia, é preciso entender direitinho o que ocorre. A unidade de potência watt de pico ou W_p, atribuída a painéis solares, é a potência que seria produzida sob uma iluminação padrão de 1 kW/m^2. É sobre esse número que se aplica o fator de utilização ao qual nos referimos. A potência instalada de 1 GW_p tem condições de produzir algo entre 100 e 200 MW de potência média. No Japão, em 2005, havia 1,4 GW_p instalados, que produziram 2,3 milhões de MWh de eletricidade. Calcule o fator médio de utilização dessas usinas fotovoltaicas.

Com os fatores de utilização medidos em instalaçõesexistentes, a instalação de 1 TW_p exigiria uma área de 50.000 km^2. Ao contrário da energia eólica, em que o solo pode ser empregado para outros fins, não é o caso de uma usina fotovoltaica.

Com um fator de utilização de 25%, a instalação produziria 2,2 PWh de eletricidade em um ano, ou seja, cerca de 6,5% do consumo projetado para 2030, e o custo seria de três a cinco trilhões de dólares, supondo uma queda nos preços dos módulos geradores nas próximas décadas.

4ª pausa
Os grandes desafios

No capítulo anterior, examinamos algumas das alternativas para a geração de eletricidade a partir de fontes renováveis "limpas", com emissões de gases de efeito estufa reduzidas ou nulas. No próximo capítulo, abordaremos a produção de combustíveis líquidos, também a partir de fontes renováveis, e centraremos nossa atenção no caso do bioetanol de cana-de-açúcar, a grande força do Brasil em matéria de combustíveis "limpos". Antes de entrarmos no tema, porém, queremos fazer uma pausa para imaginar como poderia ser o futuro das energias renováveis com tecnologias que ainda não existem, mas que você pode ajudar a inventar.

Voltando ao caso da eletricidade solar ou eólica, o grande obstáculo para sua implantação como únicas fontes de eletricidade limpa é a intermitência das fontes primárias. O Sol não fica parado no céu – até passa boa tarde do tempo dormindo –, e as nuvens podem se interpor entre ele e um módulo solar fotovoltaico de forma imprevisível. Esses eventos bloqueiam totalmente ou diminuem bastante a produção de eletricidade fotovoltaica. A situação não é muito diferente para a eletricidade solar térmica. Do mesmo modo, os ventos nem sempre sopram na direção e nas intensidades desejadas para garantir um suprimento previsível de eletricidade eólica. Com essas fontes, torna-se impossível suprir a demanda por eletricidade de uma região ou de um país, pois essa demanda é estável de um momento para outro, ainda que varie lentamente de uma hora para outra, de um dia para outro ou de uma estação do ano para outra.

Se fôssemos capazes de armazenar eletricidade em grandes quantidades, o problema estaria resolvido, pois, em lugar de conectarmos a rede diretamente às usinas solares ou eólicas, nós a conectaríamos a um grande acumulador de eletricidade. Já fazemos algo semelhante para garantir o abastecimento regular de água em nossas cidades, construindo grandes reservatórios que captam a água da chuva e garantem o abastecimento durante a estiagem. Fazemos o mesmo em nossos prédios e casas, com caixas d´água, as quais estabilizam na saída um fluxo irregular de água na entrada, de forma que continuamos a ter água em nossas torneiras mesmo que o suprimento da rua seja interrompido (ao menos enquanto durar o estoque de água no reservatório). O problema é que não temos nem ciência básica nem tecnologia para grandes acumuladores de eletricidade, similares aos grandes reservatórios de água. Só há duas soluções disponíveis: acumuladores relativamente pequenos – as baterias – ou o bombeamento de água para reservatórios elevados, para ser reaproveitada como energia hidráulica no acionamento de turbinas e geradores. No primeiro caso, guardamos, em geral, não eletricidade na sua forma pura, mas energia química; no segundo, energia potencial hidráulica. Capacitores são uma forma de armazenar diretamente energia elétrica, mas eles são ainda mais limitados do que baterias, em termos da quantidade de energia que podem armazenar.

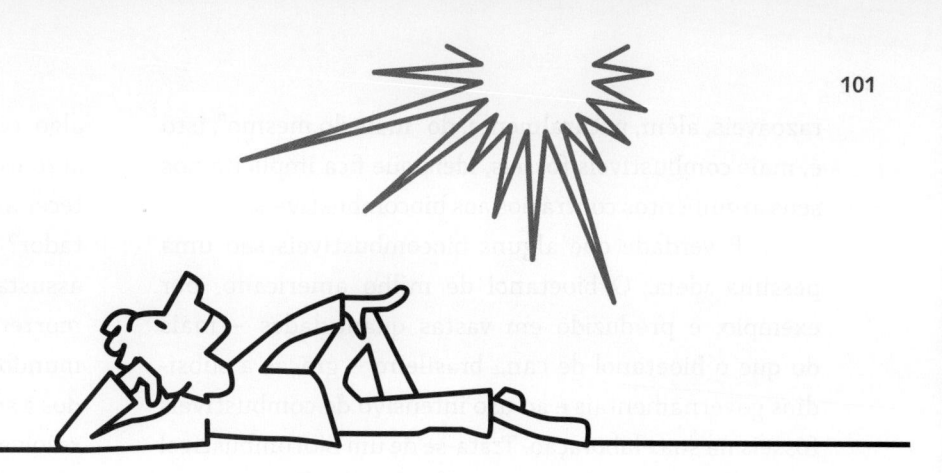

Para suprir eletricidade para uma cidade ou uma região a partir de fontes primárias intermitentes, precisaríamos de acumuladores capazes de fornecer continuamente dezenas ou centenas de milhões de watts (MW). Não há nada nas leis da Física que diga que isso é impossível. De fato, no momento, os principais obstáculos são o custo das tecnologias existentes e as limitações de materiais, o que inviabiliza a realização de um projeto regional ou nacional de eletricidade exclusivamente de fontes renováveis.

Então, sente-se, estude e comece a pesquisar alternativas para o armazenamento de eletricidade em grande escala, se você quiser que o mundo possa dispor de eletricidade limpa em abundância. Não só você estará concorrendo a um Prêmio Nobel, mas ainda pode ficar muito rico. Resolvido o problema, não precisaremos mais de usinas termoelétricas altamente poluentes ou de usinas nucleares, com todos os riscos que envolvem. Poderemos usar os bons e velhos Sol e Vento.

Depois da geração de eletricidade a partir de fontes renováveis "limpas", o segundo grande desafio é o dos combustíveis. Vamos ter de continuar a transportar pessoas e mercadorias pelo mundo afora – e os preguiçosos, de um quarteirão para o outro –, por meio de carros, caminhões, trens, navios e aviões. O carro elétrico ajudará, se resolvermos o problema do armazenamento de eletricidade, mas será sempre de uso limitado a veículos leves e ao transporte urbano. Trem, navio, avião ou foguete a bateria são improváveis. A solução é mesmo os combustíveis líquidos, adaptados para cada tipo de transporte. Avião a diesel, por exemplo, não pode voar porque o diesel congela a baixas temperaturas. Tem de ser a querosene mesmo, capaz de permanecer líquido às temperaturas encontradas a 10 ou 15 km acima da superfície do mar, que são de 50 ou mais Celsius negativos.

Biocombustíveis, ao menos alguns tipos como o bioetanol de cana-de-açúcar, são uma excelente solução no momento. Contudo, há muitas ideias malucas e perigosas sobre biocombustíveis que precisam ser examinadas com cuidado. Espertalhões criam empresas de biocombustíveis – muitas vezes se aproveitando da ingenuidade de bons cientistas que acham que encontraram uma solução –, enganam governos e investidores, ficam ricos e, no final, não entregam a mercadoria. Sonhadores bem-intencionados, por outro lado, acham que, por meio da agricultura familiar, irão produzir e comercializar biodiesel em grande escala e, além disso, resolver antigos e seriíssimos problemas sociais, enganando-se a si mesmos e aos pobres agricultores (infelizmente, energia é um negócio muito grande para agricultura familiar). Esquemas mirabolantes usando algas para produzir combustível para transporte de cargas e aviões aparecem todos os dias. Por outro lado, ecologistas e fãs do petróleo atacam a produção de biocombustíveis como um perigo para a produção de alimentos e para o meio ambiente, mas são incapazes de sugerir alternativas razoáveis, além, naturalmente, do "mais do mesmo", isto é, mais combustíveis fósseis, ideia que fica implícita nos seus argumentos contrários aos biocombustíveis.

É verdade que alguns biocombustíveis são uma péssima ideia. O bioetanol de milho americano, por exemplo, é produzido em vastas quantidades – mais do que o bioetanol de cana brasileiro – graças a subsídios governamentais e ao uso intensivo de combustíveis fósseis na sua elaboração. Trata-se de um biocombustível que poderia muito bem não existir. Milho (bioetanol) e soja (biodiesel) seriam mais bem empregados na produção de alimentos ou ração animal do que na produção de biocombustíveis. Invariavelmente, porém, a lógica econômica e as considerações políticas serão mais fortes do que o bom senso, sobretudo enquanto os eleitores forem tão mal-informados sobre as questões energéticas. Estude o assunto para poder decidir por você mesmo o que é bom e o que é ruim para o Brasil e para o mundo.

Combustíveis líquidos são dominados pelo petróleo há um século. E, muito provavelmente, ainda dominarão o suprimento energético do setor de transportes por muitas décadas. O petróleo está se esgotando, e chegará um momento em que seu preço será elevado demais para o bolso do consumidor de gasolina ou diesel. Os ingredientes para uma grande crise social e econômica estão todos presentes na questão energética. Não podemos prever quando ou como essa crise acontecerá; porém, algo como a história em quadrinhos que abre este livro pode muito bem vir a acontecer ainda durante a sua vida. Isso é assustador? Com toda a razão, é para ficarmos assustados mesmo, porque, sem energia, morreremos. Mas nem tudo está perdido. O mundo conta com os seus neurônios, colocados a serviço da ciência e da tecnologia, para resolver o desafio que descrevemos a seguir.

Por meio da fotossíntese, as plantas capturam a energia radiante do Sol e a transformam em energia química, que mantém a vida na Terra. Ainda não entendemos muito bem como a fotossíntese funciona. Estude a fotossíntese, não apenas para entender a mais importante reação química a nossa volta, mas para aprender a reproduzi-la artificialmente. O que não significa copiar os sistemas naturais átomo por átomo, mas usar os mesmos princípios para imitar a Natureza (avião voa, mas não bate asas!).

Os biocombustíveis são uma forma de domesticar a fotossíntese para servir a nossas necessidades de energia química para o setor de transporte. Se você pensar bem, é como se usássemos em um avião, em lugar de uma turbina e asas, um bando de pássaros atrelados a ele, com arreios, como cavalos puxando uma carruagem. Precisamos ser mais inteligentes do que isso. Nós temos de eliminar o "bio" dos biocombustíveis, aprendendo a converter, de forma barata e eficiente, a energia solar diretamente em energia química. Novamente, como no caso das baterias, temos ciência e tecnologia para fazer isso, mas não na escala e com os custos que um sistema de fornecimento global de combustíveis pode suportar. Precisamos de novas ideias e de processos mais espertos do que aqueles que andam por aí. Em resumo, precisamos de cérebros como o seu, capazes de olhar os velhos problemas com uma visão nova.

Precisamos de tecnologias que tornem os biocombustíveis, assim como os combustíveis fósseis, obsoletos algum dia. Com isso, estaremos fazendo um favor ao meio ambiente, reduzindo a área cultivada da superfície do Planeta, criando mais espaços para reservas naturais, proteção da biodiversidade e lazer para uma população crescentemente urbana. Por muitos anos ainda, vamos precisar de biocombustíveis, para reduzir os efeitos nocivos do uso da energia fóssil pelo setor de transportes. Então, não há dúvidas de que, ao menos por muitas décadas neste século, os bons biocombustíveis são desejáveis e necessários. No longo prazo, porém, eles devem ter o mesmo destino dos maus biocombustíveis e dos combustíveis fósseis: o museu.

Enquanto isso não acontece, aprenda um pouco sobre os bons biocombustíveis no próximo capítulo. Chega de descanso!

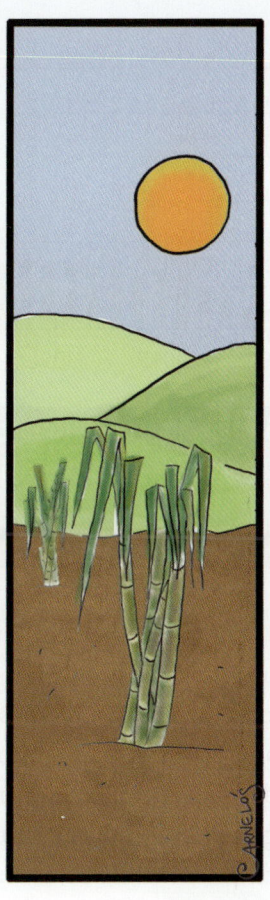

Combustíveis

A exemplo do capítulo anterior, vamos delinear a situação atual, mas considerando uma única alternativa de combustíveis para o futuro: a biomassa de cana-de-açúcar. Por duas razões: é uma solução eminentemente brasileira, na qual o nosso país é pioneiro e líder mundial, e as outras alternativas de biocombustíveis não se comparam com o bioetanol em volume de produção atual ou possibilidades futuras.

O bioetanol pode ser produzido de muitas matérias-primas além da cana-de-açúcar. Com as tecnologias comerciais existentes, basta que a planta disponha de amido ou açúcares em abundância. O milho é a matéria-prima usada nos Estados Unidos e a beterraba, na Europa. Até recentemente, o Brasil era o maior produtor de bioetanol do mundo, mas nos últimos anos foi ultrapassado pelos Estados Unidos (Fig. 5.1). Sob todos os aspectos, inclusive ambientais, a produção americana de bioetanol de milho é uma insanidade, e os próprios americanos estão começando a reconhecer isso, mas os subsídios ao bioetanol foram a forma encontrada pelo governo norte-americano para manter a agricultura no Meio-Oeste. Lá, como aqui, o contribuinte que se cuide quando o governo resolve fazer um favor a seus eleitores.

No momento, os Estados Unidos realizam grandes investimentos na pesquisa e no desenvolvimento de processos industriais para a produção do bioetanol de material lignocelulósico (gramas, sobras de madeira, sobras agrícolas etc.) para substituir a produção de bioe-

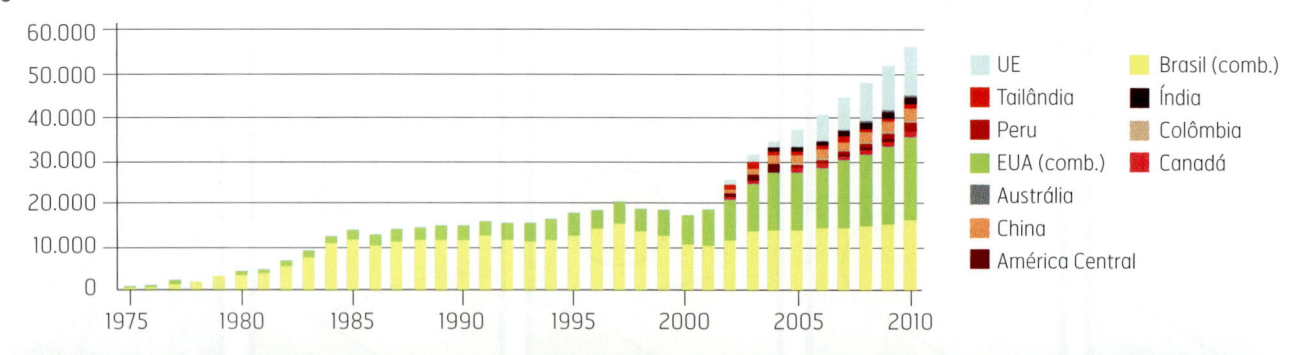

Fig. 5.1 Produção mundial de bioetanol por país. O Brasil, até 2006, era o maior produtor mundial. Apesar de ter sido ultrapassado pelos Estados Unidos, o Brasil ainda é o produtor do bioetanol mais limpo e barato do planeta
Fonte: C. Berg (F O Licht's).

tanol a partir de uma matéria-prima que serve como alimento e ração animal.

Outro biocombustível é o biodiesel; entretanto, os volumes de produção ainda são muito inferiores aos do bioetanol e os desafios da matéria-prima, ainda mais complexos (ver Fig. 5.2). Por essa razão, não voltaremos a falar sobre biodiesel neste livro, tampouco sobre a produção de biocombustíveis a partir de algas, a não ser para alertar o leitor de que 99% do que se escreve a esse respeito é besteira. Fique longe do assunto, até que você possa pensá-lo por conta própria.

A projeção do consumo de biocombustíveis para 2030 é que substituam cerca de 5% dos combustíveis usados pelo setor de transporte. Essa projeção é inferior à estimativa do Ministério da Ciência e Tecnologia do Brasil, segundo a qual nosso país poderia suprir até 10% do consumo de combustíveis com bioetanol de cana-de-açúcar.

Os biocombustíveis ainda representam, exceto no Brasil, uma fração insignificante dos combustíveis do setor de transporte no mundo. Em 2006, o mundo consumiu 24,4 Mtep (1 EJ) de biocombustíveis para 2.165 MTep (91 EJ) de combustíveis fósseis. A expectativa é que a produção de biocombustíveis cresça por um fator de quase 5 até 2030.

No Brasil, em 2008, o bioetanol empatou com a gasolina como combustível preferido pelo consumidor. Mas a gasolina é apenas um dos combustíveis do setor de transporte; o diesel é o outro. Em 2006, para cada litro de gasolina queimado, o Brasil consumiu 1,65 litro de diesel. Portanto, o bioetanol ainda está longe de substituir a metade do consumo de combustíveis do setor de transporte brasileiro. Vamos torcer para que isso aconteça logo.

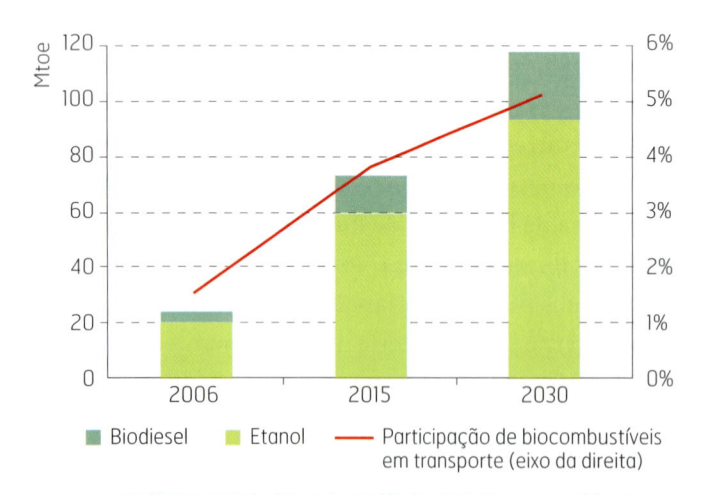

Fig. 5.2 Consumo atual e projeção até 2030 de consumo de biocombustíveis por tipo, com a predominância do bioetanol
Fonte: <www.iea.org/>.

quadro 5.1 CICLO DE VIDA DO BIOCOMBUSTÍVEL

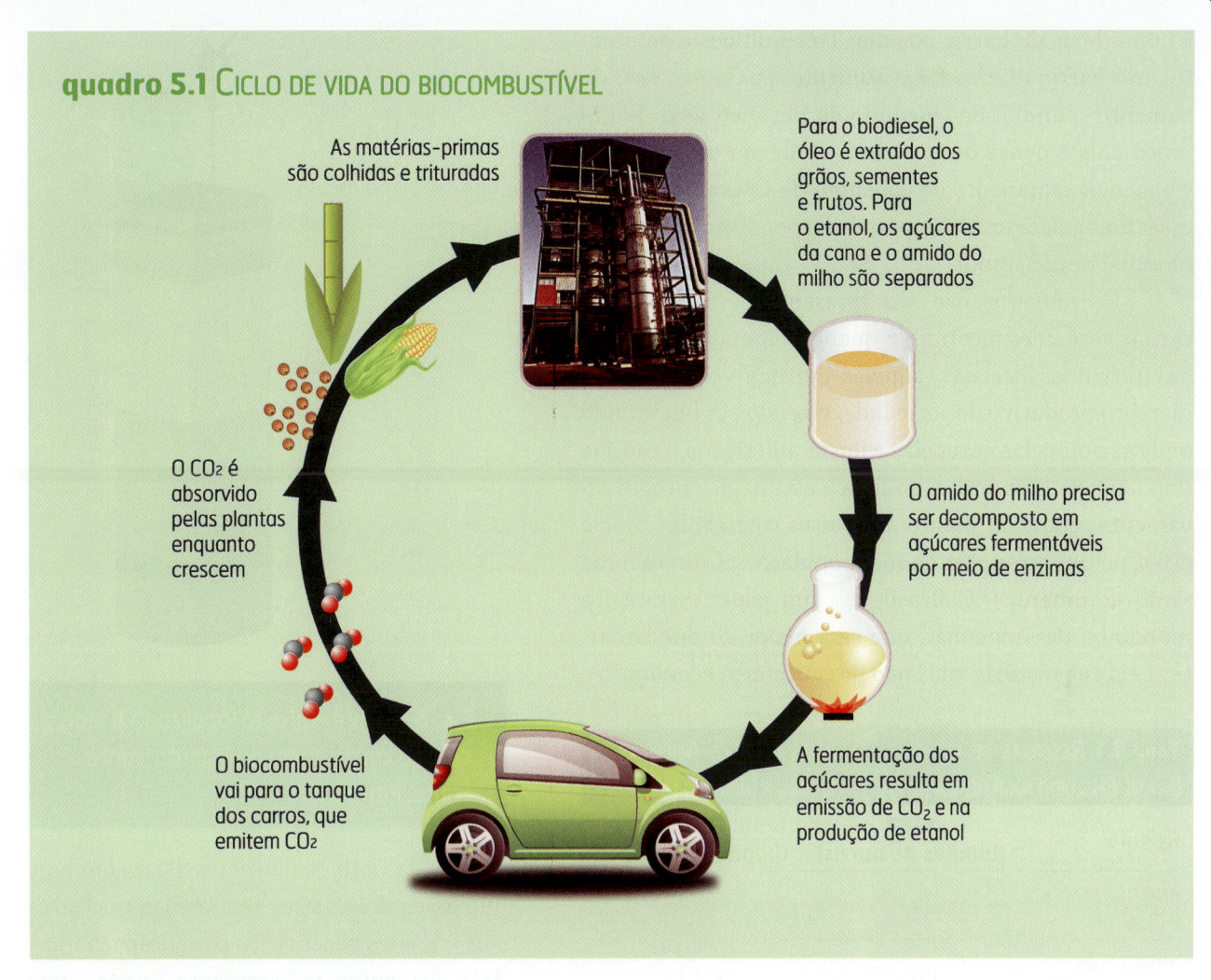

- As matérias-primas são colhidas e trituradas
- Para o biodiesel, o óleo é extraído dos grãos, sementes e frutos. Para o etanol, os açúcares da cana e o amido do milho são separados
- O amido do milho precisa ser decomposto em açúcares fermentáveis por meio de enzimas
- A fermentação dos açúcares resulta em emissão de CO_2 e na produção de etanol
- O biocombustível vai para o tanque dos carros, que emitem CO_2
- O CO_2 é absorvido pelas plantas enquanto crescem

5.1 COMBUSTÍVEIS FÓSSEIS: O PETRÓLEO

O principal combustível no mundo hoje é o petróleo. Não o petróleo bruto, tal qual sai do poço, mas os produtos do petróleo refinado: o óleo diesel, a gasolina e o querosene de aviação.

É impossível saber se a discussão sobre quando vai acabar o petróleo vai acabar antes ou depois dele, porque o petróleo está muito bem escondido e, mesmo com as mais modernas tecnologias, não dá para prever com confiabilidade quanto de petróleo existe em um poço. O que se sabe é que, nos últimos anos, mais se tem investido na busca de petróleo do que o petróleo encontrado poderá pagar, com a possível exceção do "pré-sal" brasileiro (Fig. 5.3). Entretanto, o otimismo sobre as reservas mundiais persiste.

O consumo total de petróleo no mundo, desde que começou a ser utilizado até hoje, está estimado em 900 bilhões de barris. Segundo o relatório da British Petroleum de 2007, ainda há no mundo, de reservas provadas, cerca de 1.200 bilhões de barris. Os mais otimistas acreditam que o total de recursos que ainda podem ser recuperados é o dobro desse número (2.700 bilhões de barris) e tende a crescer nas próximas décadas, com progressos tecnológicos e aumento de preços, atingindo 3.500 bilhões de barris na metade deste século. Você viverá para saber se eles têm razão.

Nas Tabs. 5.1 e 5.2, observa-se que, entre 1997 e 2007, o consumo mundial diário de petróleo passou de 73,6 para 85,2 milhões de barris, um aumento de

11,6 milhões de barris por dia. Três milhões e setecentos mil barris diários foi o aumento da China: 32% do aumento mundial de consumo de petróleo veio de um único país e quase duas vezes o consumo do Brasil! Se somarmos o aumento de consumo da China e da Índia, esses dois países foram responsáveis por 40% do aumento mundial de consumo!

Os números não são apresentados apenas para cansar você. Eles mostram o quanto o mundo vai mudar nas próximas décadas; aquelas em que você será um membro produtivo da sociedade, vivendo em um mundo onde as potências europeias e norte-americana terão sua importância econômica, política e estratégica progressivamente reduzidas diante dos países emergentes. Entre estes, pelo enorme peso de suas populações, China e Índia serão dominantes. O Brasil terá um papel estratégico mundial a desempenhar, que será maior do que jamais teve em sua história, mas não possui a força econômica e militar da China e da Índia. (Basta lembrar que esses dois países têm armas nucleares e os foguetes necessários para despachá-las, dois elementos militarmente importantes que o Brasil não possui.)

O petróleo bruto, sem refino, serve para pouca coisa. A capacidade de refino do mundo também precisa ser conhecida (ver Tab. 5.3). Enquanto o consumo de petróleo, entre 1997 e 2007, aumentou de 11,6 milhões de barris diários, a capacidade mundial de refino aumentou de apenas 9,1 milhões de barris por dia. Nesse período, 52% do aumento da capacidade de refino no mundo vieram da China e da Índia! O fato de a capacidade de refino ter aumentado proporcionalmente menos do que o consumo é outro elemento de preocupação com relação ao petróleo. Alguns ataques terroristas bem planejados ou um furacão

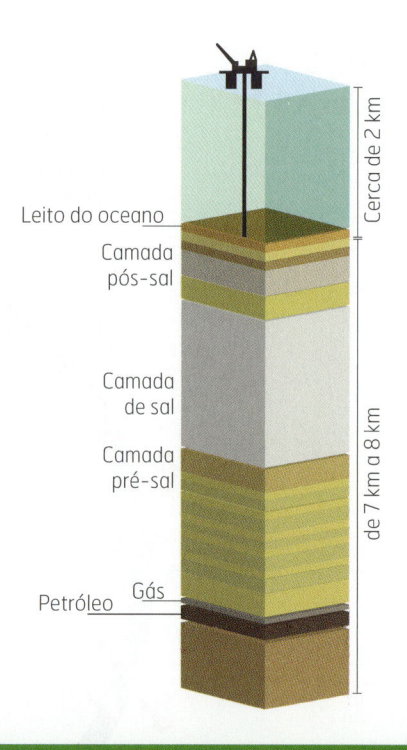

Fig. 5.3 O pré-sal está localizado a mais de 300 km da costa do Espírito Santo
Fonte: Petrobras.

Tab. 5.1 Reservas de petróleo provadas para as Américas, o Brasil (incluído na América do Sul), a China, a Índia e o mundo

Região	1987 (bilhões de barris)	2007 (bilhões de barris)
América do Sul e Central	68,1	111,2
América do Norte	101,2	69,3
Brasil	7,1	12,6
China	17,4	15,6
Índia	4,4	5,7
Mundo	1.069,3	1.237,9

Fonte: Relatório anual da British Petroleum (www.bp.com).

Tab. 5.2 Consumo de petróleo nas Américas, no Brasil (incluído na América do Sul), na China, na Índia e no mundo

Região	1997 (milhões de barris/dia)	2007 (milhões de barris/dia)
América do Norte	22,28	25,02
América do Sul e Central	4,76	5,49
Brasil	1,97	2,19
China	4,18	7,86
Índia	1,83	2,75
Mundo	73,60	85,22

Fonte: Relatório anual da British Petroleum (www.bp.com).

um pouco mais forte no Texas e a paralisação de duas ou três refinarias importantes podem fazer com que a capacidade de refino mundial fique abaixo do consumo por um período relativamente longo. Você pode imaginar a confusão resultante. Não se pode excluir essa possibilidade para o futuro.

Portanto, a questão de alternativas de combustíveis para o futuro é urgente.

Tab. 5.3 Capacidade de refino de petróleo nas Américas, no Brasil (incluído na América do Sul), na China, na Índia e no mundo

Região	1997 (milhões de barris/dia)	2007 (milhões de barris/dia)
América do Norte	18,97	20,97
América do Sul e Central	6,16	6,51
Brasil	1,75	1,93
China	4,56	7,51
Índia	1,24	2,98
Mundo	78,78	87,91

Fonte: Relatório anual da British Petroleum (www.bp.com).

5.2 Biomassa de cana-de-açúcar e bioetanol

Energia de biomassa é energia química, obtida a partir da energia eletromagnética da radiação solar, por meio da fotossíntese realizada por plantas e bactérias.

As plantas produzem biomassa energética sob a forma de material lignocelulósico, açúcares, amidos e óleos. As cores e os sabores das plantas, de suas flores e seus frutos, são um outro importante aspecto da biomassa para nós e muitos outros bichos. O Brasil, como país de bons solos, onde o sol e a água são abundantes, é um grande produtor de biomassa. De toda a biomassa que o nosso país produz, vamos nos concentrar em uma espécie: a cana-de-açúcar, uma gramínea de personalidade muito doce, plantada no Brasil desde o início do século XVI. O primeiro ciclo de expansão econômica do Brasil, em meados daquele século, deveu-se à cana plantada no Nordeste para produzir açúcar.

O foco de nosso interesse são os componentes da biomassa que têm um aproveitamento energético direto. No caso da cana-de-açúcar, os mais simples são os açúcares contidos no caldo, empregados no Brasil para produzir o bioetanol, nas mesmas usinas que produzem açúcar. Por essa razão, a indústria brasileira de bioetanol é, ao mesmo tempo, a indústria brasileira de açúcar.

Do ponto de vista comercial, é uma boa solução, pois o produtor pode direcionar sua usina para o produto que tem melhor rentabilidade no mercado, a partir do processamento da mesma matéria-prima, uma das razões do sucesso e, paradoxalmente, do fracasso do programa brasileiro de álcool combustível. A possibilidade de sair do negócio do álcool a qualquer momento facilitou a entrada dos produtores tradicionais de açúcar no mercado de combustíveis, sobre o qual eles nada sabiam. Essa possibilidade foi usada quando os preços do açúcar no mercado internacional dispararam, há cerca de 20 anos, e a produção de bioetanol estagnou. O Brasil ficou sem álcool combustível, matando o Programa Pró-Álcool, um programa ressuscitado muito recentemente, com a introdução dos motores "flex", que dão ao consumidor a tranquilidade de poder optar pelo bioetanol ou pela gasolina. Em condições normais, essa tranquilidade seria uma ilusão, pois ela valeria apenas enquanto bioetanol e gasolina tivessem fatias comparáveis de mercado. Entretanto, no Brasil, a gasolina é um subproduto da produção do óleo diesel. Assim, mesmo sem um mercado para a gasolina, a Petrobras continuará a produzi-la enquanto estiver produzindo diesel pelos métodos atuais.

Do ponto de vista tecnológico, o Brasil tem um problema: o bioetanol ainda é produzido num "puxadinho" da indústria do açúcar e o seu preço tende a estar mais ligado à competição com um alimento (açúcar) do que com outro combustível (gasolina). As futuras usinas produtoras de bioetanol provavelmente terão suas tecnologias de produção otimizadas para produzir apenas bioetanol, porque o potencial de consumo de bioetanol no mundo é muito maior do que o de consumo de açúcar. Portanto, em algum momento, a produção de bioetanol no Brasil vai dominar a produção de açúcar e terá direito a suas próprias tecnologias.

A produção de bioetanol a partir da fermentação do caldo de cana (açúcares) é bem conhecida e os processos de engenharia, ainda que suscetíveis a muitas melhorias, são relativamente eficientes. A tecnologia é conhecida como de "primeira geração". Açúcar é energia química. Certas leveduras, entre elas a chamada *Sacharomyces cerevisiae*, adoram comer esse açúcar e, a partir dele, produzem etanol no seu xixi, . Não se assuste com esse nome. Biólogos são um tantinho antiquados e acham que os organismos vivos só entendem línguas mortas como grego antigo e latim. *Sacharomyces cerevisiae* pode ser traduzido como o fungo (do grego *mykes*) que come açúcar (do grego *sakcharon*) para produzir etanol (cerveja). Lembre-se de que gosto não se discute. Veja quanto dinheiro se gasta neste mundo para convencer você de que xixi de levedura é bom para beber! Traduzindo um anúncio típico de cerveja, o que os anunciantes dizem é que "o xixi das minhas leveduras, bem geladinho, é ótimo". O que faz o valor econômico desse xixi é que ele é rico em energia (etanol).

Quando apareceram os motores a explosão interna, no final do século XIX e começo do século XX, iniciou-se a procura por combustíveis líquidos capazes de alimentá-los. O etanol foi uma das primeiras opções, até ser derrubado pelo petróleo.

quadro 5.2 PARA ENTENDER A COMPLEXIDADE DOS PREÇOS DE ENERGIA

Em uma refinaria de petróleo, entra o petróleo bruto e saem vários produtos, como gasolina, diesel, querosene... A refinaria tem um custo total de operação e amortização dos investimentos feitos. Como definir os preços de seus produtos de forma a pagar seus custos e ainda ter lucro?

Vamos pegar um exemplo imaginário: você constrói uma usina para tratar água do mar e produzir água potável. Para isso, você precisa destilar a água, isto é, fervê-la, transformá-la em vapor e condensar o vapor. A sua fábrica tem, então, dois produtos finais simultâneos: água destilada e os sais residuais do processo de destilação. Os seus custos de investimento e de produção cobrem a operação da fábrica. Você, como presidente da empresa, não sabe quanto a água destilada e os sais custam separadamente, pois o mesmo processo produz, simultaneamente, os dois. Se o mercado quer água e não se interessa pelo sal, você lança seus custos no preço da água. Se o mercado quer os sais e não a água, você lança seus custos no preço do sal. Esse, em termos muito simples, é o dilema vivido por uma refinaria de petróleo ou uma usina produtora de açúcar e álcool.

Por isso, "quanto custa produzir a gasolina?" é uma pergunta sem sentido. No caso do Brasil, por exemplo, o preço da gasolina usada no transporte individual é controlado para subsidiar o preço do diesel usado no transporte público e de mercadorias. É por essa razão que, diferentemente da Europa, o Brasil não possui carros de passeio movidos a diesel. Os preços da energia são manipulados, em cada país, para atender a suas políticas sociais.

Os governos também têm, sob a forma de impostos, um controle muito grande sobre os preços dos combustíveis e da escolha de opções tecnológicas. Se amanhã o mundo decidir que não dá mais para queimar energias fósseis por causa do efeito estufa, os governos introduzirão impostos sobre o dióxido de carbono emitido. Os impostos elevarão o preço das energias fósseis, dando uma oportunidade para que novas energias, mais caras, porém mais limpas, possam se estabelecer no mercado. Se ganharem aceitação no mercado, elas poderão ganhar escala de produção e seu preço irá baixar, possibilitando, eventualmente, que concorram com as energias fósseis sem necessidade de proteção.

quadro 5.3 OS PROGRAMAS BRASILEIROS DE ÁLCOOL COMBUSTÍVEL

Desde a primeira crise do petróleo, em 1973, o Brasil instituiu um programa de bioetanol de cana-de-açúcar, um exemplo do que nosso país pode fazer quando quer. Esse programa passou por muitas dificuldades, algumas causadas pelas flutuações do preço do açúcar e do petróleo no mundo, mas hoje, com a introdução dos motores "flex", o bioetanol de cana parece estar bem estabelecido no Brasil como fonte confiável de combustível para automóveis e veículos leves. Mesmo que o preço do petróleo baixe (o que ninguém imagina que será por muito tempo), a preocupação crescente com os gases de efeito estufa faz do bioetanol o combustível certo para o Brasil.

A cana-de-açúcar é empregada em nosso país principalmente para a produção de açúcar e etanol. Em pouco mais de 30 anos, a produção de açúcar no Brasil cresceu 5 vezes, enquanto a de etanol passou de um valor insignificante para mais de 20 bilhões de litros por ano. Certamente, é o programa de energias renováveis mais bem-sucedido do mundo, e os brasileiros precisam levá-lo a sério.

É verdade que o aumento da produção de cana agrava problemas ambientais (queimadas) e sociais, revelando as condições precárias dos trabalhadores do setor, mas são problemas de fiscalização, e não de legislação. O Estado de São Paulo já introduziu legislações para lidar adequadamente com esses problemas. O desafio agora é implementá-las.

Não queremos, de forma alguma, desculpar aqueles (não são todos) produtores de bioetanol no Brasil que usam métodos inaceitáveis. Entretanto, é bom você saber que o setor de energia sempre foi cruel com seus trabalhadores: os do setor de cana no Brasil certamente sofrem menos do que os mineiros de carvão da Europa, dos Estados Unidos (não estamos falando do século XV, mas do século XX mesmo!) e da China (hoje em dia). Nos Estados Unidos, segundo estatísticas oficiais, em apenas três anos, de 1940 a 1942, 21 acidentes em minas de carvão mataram 481 mineiros! E esses três anos não tiveram nada de anormal. (Veja a estatística completa, de 1839 a 2007, em <www.cdc.gov/NIOSH/mining/statistics/disall.htm>.) Portanto, quando políticos e ONGs desses países criticam o Brasil, na verdade, eles estão sendo incrivelmente hipócritas, pois a riqueza deles foi construída, em grande parte, por trabalhadores em condições muito piores do que as que existem hoje no Brasil e sem nenhuma legislação que os protegesse.

Como a cana, no Sudeste, é colhida no verão, as safras são sempre indicadas pelo ano do plantio e pelo ano da colheita. Podemos ver (Fig. 5.4) que, entre 1974 e 1985, houve um rápido crescimento da produção

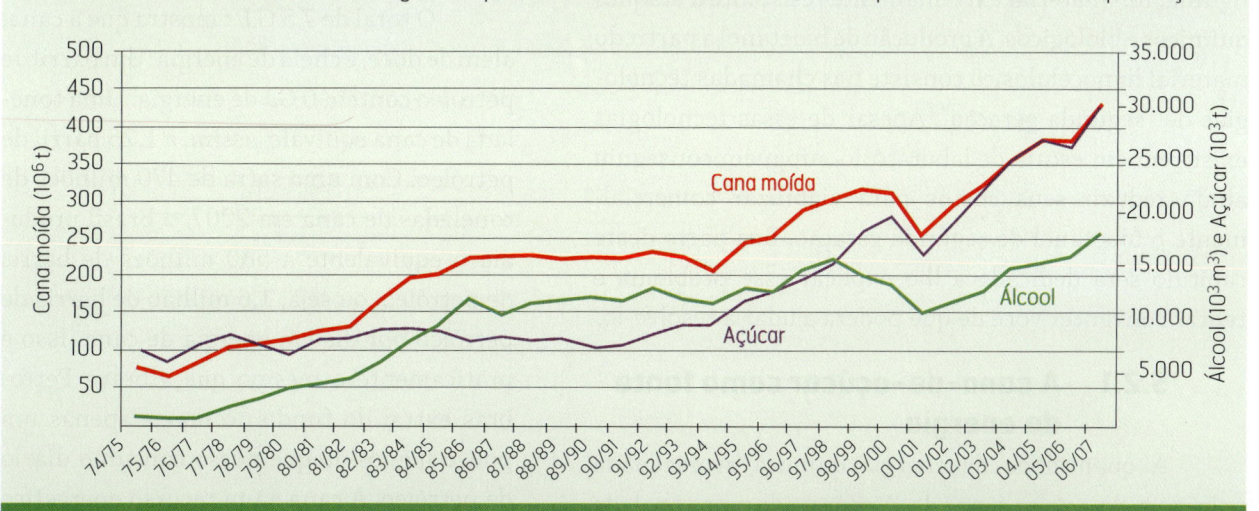

Fig. 5.4 Produção de álcool e açúcar no Brasil entre 1974 e 2006

de álcool no Brasil, seguido de uma estagnação de uma década. No final dos anos 1990, a produção caiu, mas, a partir de 2000, com a introdução dos motores "flex", nota-se uma retomada da produção de álcool, que esperamos ser sustentável. Observe que a produção de bioetanol não impediu o crescimento espetacular da produção de açúcar no Brasil.

Henry Ford acreditava que o etanol era o combustível certo para seus automóveis. Infelizmente, naqueles tempos, como hoje, a produção de etanol nos Estados Unidos não era barata e a obtenção do petróleo se resumia a cavar o buraco certo no lugar certo. Lembre-se de que os Estados Unidos foram, e ainda são, um grande produtor de petróleo. O atual problema do país é que ele consome muito mais do que consegue produzir e precisa importar petróleo de outros países, o que, às vezes, exige uma pequena intervenção militar para garantir os suprimentos, mas nada muito grave (vide a Guerra do Iraque).

Os açúcares, entretanto, representam menos de um terço da energia total da cana. O bagaço é queimado para produzir calor e eletricidade nas usinas de açúcar e álcool. Talvez, porém, tenha usos mais nobres para a produção de combustíveis líquidos.

O bagaço e a palha da cana são compostos por material lignocelulósico, que consiste de celulose, um polímero de glicose (um açúcar de seis carbonos) bem ordenado; hemicelulose, um material amorfo, constituído de uma variedade de polímeros, cujos monômeros são, em geral, açúcares de cinco carbonos; e a lignina, um material extremamente resistente a ataques químicos e biológicos. A produção de bioetanol a partir do material lignocelulósico consiste nas chamadas tecnologias de "segunda geração". Apesar de essas tecnologias existirem em escala de laboratório, ninguém conseguiu ainda reduzir seus custos para viabilizar comercialmente o bioetanol de segunda geração. Boa parte deste capítulo será dedicado a lhe explicar esse problema e tentar convencer você de que poderá ajudar a resolvê-lo.

5.2.1 A cana-de-açúcar como fonte de energia

A quantidade de energia química armazenada pela cana-de-açúcar é grande. A energia de uma tonelada pode ser assim resumida:

140 kg de açúcares = 2,3 GJ
(GJ = gigajoule = 1 bilhão de joules)

280 kg de bagaço com 50% de umidade = 2,6 GJ

280 kg de palha com 50% de umidade = 2,6 GJ

Total = 7,5 GJ por tonelada.

Você deve ter notado que a soma total das massas secas não atinge 1.000 kg; o restante é água. Como qualquer outro ser vivo, grande parte da massa da cana é constituída por simples moléculas de água. Da mesma forma, aquela pessoa tão bonita por quem você se apaixonou resume-se a um grande número de copos d'água com algumas impurezas adicionadas. É por isso que o amor, às vezes, evapora. Ah! A ciência parece ser tão pouco romântica, mas não faltam cientistas apaixonados pela água, que ainda encerra muitos mistérios a serem decifrados.

O total de 7,5 GJ/t mostra que a cana, além de doce, é cheia de energia. Um barril de petróleo contém 6 GJ de energia. Uma tonelada de cana equivale, assim, a 1,25 barril de petróleo. Com uma safra de 470 milhões de toneladas de cana em 2007, o Brasil produziu o equivalente a 580 milhões de barris de petróleo, ou seja, 1,6 milhão de barris de petróleo por dia em energia de cana. Isso é praticamente o mesmo que a brava Petrobras extrai do fundo do mar e apenas um pouco menos do que nosso consumo diário de petróleo. A cana é um recurso energético formidável!

quadro 5.4 Para entender a energia da cana e do bioetanol

A indústria do etanol de primeira geração no Brasil, baseada na fermentação alcoólica do caldo, está madura, e os números referentes aos balanços energéticos e de emissões de gases de efeito estufa, muito bem estudados, em especial graças aos esforços dos técnicos do CTC/Copersucar, de Piracicaba (SP).

Vamos usar os números da safra 2006/2007 (devidamente arredondados), disponíveis no site da União da Indústria de Cana-de-Açúcar (www.unica.com.br), pois os números da safra 2007/2008 ainda não estavam oficialmente fechados no momento em que este livro era escrito. Como estamos interessados mais em produtividade do que em produção total, nossas conclusões não serão afetadas. Vamos usar também alguns números do estudo feito sob a liderança do Prof. Rogério Cerqueira Leite, com o grupo do NIPE/Unicamp para o Centro de Gestão e Estudos Estratégicos (CGEE), e um estudo elaborado por I. C. Macedo, M. Régis L. V. Leal e J. E. Azevedo Ramos da Silva, do CTC/Copersucar, e publicado pela Secretaria do Meio Ambiente de São Paulo em 2004. A contribuição deste último estudo são os números sobre custos energéticos e de emissões de gases de efeito estufa pela indústria do etanol.

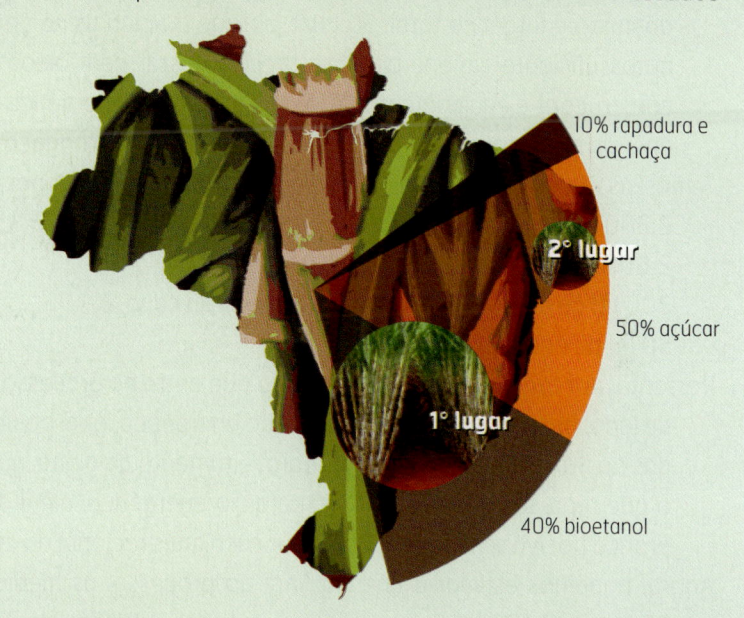

Na safra 2006/2007, a produção total de cana no Brasil foi de 471 milhões de toneladas (Mton), que ocupou uma área de 6,2 milhões de hectares (Mha), resultando em uma produtividade média de 76 t/ha. É bom lembrar, porém, que nem toda a cana plantada no Brasil vira açúcar ou bioetanol. Felizmente, uma parte da produção (cerca de 10%) vai para rapadura e cachaça.

A quantidade de cana empregada para a produção de açúcar e bioetanol, na safra 2006/2007, foi de 425 Mton – 372 Mton provenientes da região Centro-Sul e 53 Mton, do restante do País. São Paulo domina a produção brasileira, e o Nordeste, berço da cana brasileira, vem em segundo lugar. Dos 425 Mton, a fabricação de açúcar utilizou 56% da produção, e a do bioetanol, 44%. Com base na produtividade média da cana, a área plantada de cana para a produção de bioetanol foi de 2,43 Mha.

A produção total de bioetanol foi de 17,7 bilhões de litros – 16 bilhões produzidos no Centro-Sul e o restante, nas outras regiões do Brasil. Com 185 Mton de cana utilizados, a produtividade do bioetanol foi de 95 litros por tonelada, ou 7.280 litros por hectare.

Lembre-se de que tudo custa energia. Para plantar a cana, há custos energéticos diretos, como o combustível das máquinas, e indiretos, como a energia usada para produzir as máquinas e os implementos agrícolas. Há custos energéticos para colher e transportar a biomassa até a usina. Da energia total da cana, precisamos subtrair o que "pagamos" em energia para produzi-la. Esse número pode ser calculado, e o resultado final é que o custo energético da cana é de 200 MJ/t. Assim, a energia líquida, o que sobraria depois de pagar a dívida energética, é de 7,3 GJ/t ou, a 76 t/ha, 554 GJ por hectare. Ou seja, um hectare de cana produz aproximadamente a mesma quantidade de energia contida em 90 barris de petróleo.

Para ir da biomassa ao etanol, temos de converter energia de uma forma para outra, o que envolve um custo energético e de entropia. No nosso caso, os insumos energéticos para essa conversão são de dois tipos: combustíveis fósseis e a própria cana, sob a forma do bagaço que sobra depois da extração do caldo. Os combustíveis fósseis, no final das contas, representam apenas uma pequena fração do custo energético total: 50 MJ/t, porque a típica usina de álcool e açúcar brasileira é praticamente autossuficiente em energia, mas precisa gastar com óleos lubrificantes para suas máquinas, e suas construções e equipamentos têm um certo custo energético que precisa ser amortizado. O restante da energia necessária para produzir o bioetanol vem do bagaço da cana.

Temos, assim, os números da energia que entra no processo, por tonelada de cana:

2.300 MJ de açúcares,

2.600 MJ de bagaço,

200 MJ de energia fóssil para a produção da cana, e

50 MJ de energia fóssil na usina.

Portanto, por tonelada de cana, a energia que entra no processo é de 5.150 MJ. Note que deixamos a palha de lado, apesar de ela ter um conteúdo energético igual ao do bagaço. As práticas de produção adotadas no Brasil não contemplam o aproveitamento da palha, que muitas vezes é simplesmente queimada, o que representa um grande desperdício energético, além de ser poluente do ar. Com o tempo, essa prática nociva será abandonada e um uso mais racional da energia da cana, adotado no Brasil.

Agora, podemos estimar a energia final do processo: as médias nacionais são de 76 t/ha (cana) e de 95 L/t ou 7.280 L/ha (etanol). Com o poder calorífico de 22 GJ por m^3 para o etanol (Balanço Energético Nacional/Brasil), temos uma energia do bioetanol de 2 GJ/t, ou 158 GJ/ha. Porém, nem todo o bagaço é consumido na produção de energia para a fabricação do etanol, e a fração que sobra, cerca de 167 MJ/t, apesar de pequena – e a tecnologia adotada pode aperfeiçoar-se mais –, é aproveitada para outros fins energéticos. O resultado final é, somados bioetanol e bagaço, uma energia final disponível de 2.000 MJ/t.

Se considerarmos a eficiência de conversão como a razão da energia final obtida sobre o somatório das energias que entram no processo de ponta a ponta (fósseis mais açúcares mais bagaço menos palha, excluída por falta de aproveitamento energético atualmente), ela é da ordem de 35%, o que equivale à eficiência de uma planta termoelétrica ao converter a energia do carvão em eletricidade, ou de uma usina nuclear ao converter a energia nuclear em eletricidade. A diferença é que o bioetanol de cana-de-açúcar não provoca emissões de CO_2, nem gera lixo radioativo.

Na safra 2009/2010, foram moídas, até 31 de março de 2010, 542 milhões de toneladas de cana para a produção de açúcar e bioetanol. Ao contrário da safra 2006/2007, foi mais cana para bioetanol (57%) do que para açúcar (43%), refletindo a realidade das demandas do mercado e a peculiaridade de muitas usinas brasileiras que podem produzir apenas um dos produtos. O volume total de bioetanol foi de 23,7 bilhões de litros e a produção de açúcar foi de 28,7 milhões de toneladas. Você pode pesquisar a respectiva área plantada e refazer as contas deste quadro.

> **quadro 5.5 O que é um Terawatt de energia da cana?**
> Vamos calcular 1 TW de energia da cana de duas maneiras. Na primeira, vamos estimar a energia total contida na planta e que pode ser aproveitada seja para produzir bioetanol ou açúcar, seja para produzir eletricidade, por meio da queima do bagaço e, eventualmente, da palha. Entretanto, levando em conta a realidade da indústria, excluiremos a energia da palha de nossas contas, pois ela não é aproveitada atualmente. É provável que, no futuro, parte de sua energia venha a ser aproveitada, mas não queremos especular aqui. Na segunda, vamos levar em conta apenas a energia contida no bioetanol usado como combustível. Naturalmente, a primeira maneira nos dá um valor maior do que a segunda, mas esta é válida para estimar a energia total que podemos usar como combustível líquido extraído da cana.
>
> Por hectare, o Brasil produz em média, anualmente, 76 t de cana, com um total de 4.900 MJ/t de energia dos açúcares e do bagaço; portanto, 372 GJ/ha. Um ano tem 31,6 milhões de segundos; portanto, a potência primária total da cana é de 11,8 kW/ha. (Compare esse número com a média de 2 a 2,5 MW/ha de energia solar média incidente.) Isso significa que seriam necessários 850.000 km^2 de cana para produzir 1 TW.
>
> Quanto à energia contida no bioetanol, feitas todas as contas, já concluímos que se pode gerar 158 GJ/ha, isto é, 5 kW/ha, ou 2 milhões de km^2 para produzir 1 TW de bioetanol de cana! Dois milhões de quilômetros quadrados, ou seja, 200 milhões de hectares, parece muita terra, não?! E, de fato, é. Mas, para você se situar nessa discussão, a pecuária brasileira ocupa 200 milhões de hectares. Então, não é um número tão astronômico assim. Numa situação extrema, o Brasil até poderia suprir 1 TW de bioetanol para o mundo.

5.3 Novas tecnologias para a produção de bioetanol

A rota tradicional para a produção de bioetanol no Brasil consiste na fermentação do caldo da cana, no qual os açúcares estão imediatamente disponíveis. O Brasil tem muita sorte, porque a cana-de-açúcar, como o nome diz, tem muito açúcar de fácil acesso. Basta esmagá-la para extrair o caldo, o qual, com seus açúcares, é dado como alimento a micro-organismos que os ingerem e que excretam, entre outros produtos menos úteis para nós, o bioetanol. Na planta, porém, há muito mais açúcares do que os do caldo. Se pudéssemos acessar facilmente a celulose e a hemicelulose do bagaço e da palha, poderíamos produzir mais etanol por hectare do que hoje. Isso significa que, para o mesmo nível de produção de etanol, precisaríamos plantar menos cana, ou poderíamos aumentar a produção de etanol para substituir toda a gasolina, com um aumento menor da área plantada.

Entre as rotas tecnológicas existentes e imagináveis para aumentar a produtividade da indústria de bioetanol, muitos países, inclusive o Brasil, estão investindo na rota biotecnológica. É a respeito dessa rota que trataremos agora.

Todo mundo conhece um pé de cana. O que pouca gente conhece é a estrutura microscópica da planta. Ao contrário de bichos como nós, as plantas não têm esqueletos que as sustentem; mesmo assim, árvores gigantescas mantêm-se em pé por séculos. O mesmo acontece com um pé de cana, que é muito rígido, graças à parede da célula vegetal, formada principalmente pelos três componentes: celulose, hemicelulose e lignina.

A celulose é composta exclusivamente por moléculas de glicose (Fig. 5.5), um açúcar de seis carbonos. A célula vegetal possui uma máquina molecular cuja única

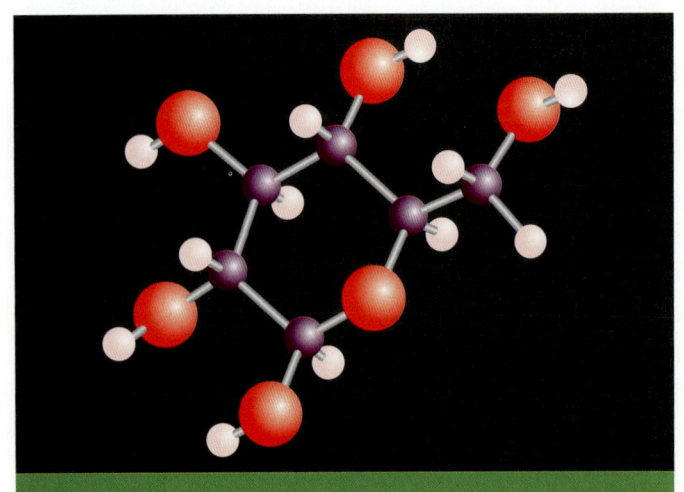

Fig. 5.5 A molécula de glicose em forma de anel (glicopiranose), a mais comum em solução aquosa. Átomos de carbono (azul); átomos de oxigênio (vermelho); átomos de hidrogênio: rosa
Fonte: preparada pelo autor com o software Crystal Maker e dados de domínio público.

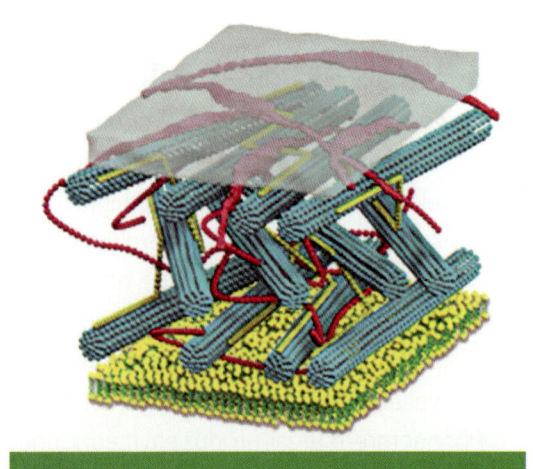

Fig. 5.6 Estrutura da parede da célula vegetal, com os cristais de celulose (em azul); a pectina (em violeta), que provê a "cola" entre esses cristais; e a hemicelulose (em verde amarelado), que também ajuda a "colar" os cristais de celulose. Esta representação está incompleta, pois falta a lignina
Fonte: <http://micro.magnet.fsu.edu/cells/plants/cellwall.html>.

função na vida é costurar longas cadeias (chamadas polímeros) dessas moléculas, formando um "fio molecular". Essas cadeias saem da máquina organizadas em forma de um cristal muito fino e muito longo, parecido com um longo palito. A parede da célula contém centenas desses palitos como seu esqueleto básico, um pouco como aquelas barras de ferro que os engenheiros usam no concreto armado e que não param em pé sozinhas. A função do cimento é segurá-las no lugar e reforçar suas propriedades mecânicas: cimento mais ferro fazem o concreto armado. Na planta, a hemicelulose, a lignina e a pectina, que também são polímeros, fazem o papel do cimento (Fig. 5.6). A hemicelulose, ao contrário da celulose, não é um material cristalino, mas um material desordenado (amorfo, como dizem os cientistas). Os tijolinhos dela são açúcares de cinco carbonos, como a xilose (Fig. 5.7). Finalmente, a lignina é ainda mais bagunçada do que a hemicelulose e é formada por moléculas mais complexas, incluindo fenóis, que são anéis de carbono com ligações duplas e simples alternadas, como na molécula de benzeno. Os três componentes unem-se para proteger o material genético e metabólico da planta contra agressões externas, físicas, químicas ou biológicas. A evolução darwiniana pode não pensar em tudo, mas quando se

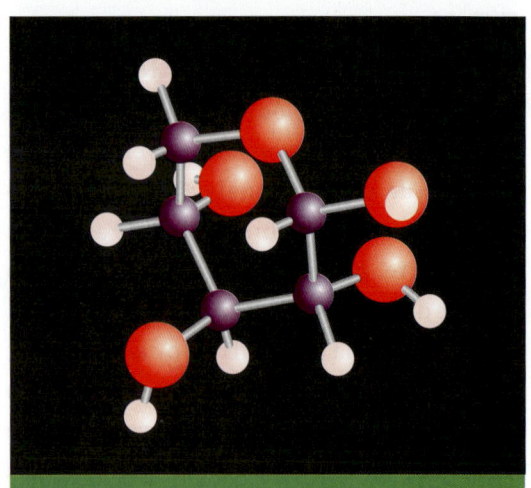

Fig. 5.7 Representação da xilose em forma de anel (xilopiranose). Carbono (azul); oxigênio (vermelho); hidrogênio (rosa)
Fonte: preparada pelo autor com o software Crystal Maker e dados de domínio público.

quadro 5.6 Poder calorífico

O poder calorífico de um combustível é a energia que pode ser extraída dele. A combustão é uma reação com oxigênio, a qual produz sempre um pouco de água, por causa dos átomos de hidrogênio presentes nas moléculas do combustível. No final da combustão, a água transforma-se em vapor, que leva consigo parte da energia do combustível. Se essa energia não for recuperada, como em geral acontece, temos o chamado poder calorífico inferior do combustível. Porém, ao menos teoricamente, há sempre a possibilidade de reconverter o vapor em água e recuperar parte de sua energia. Nesse caso, temos o poder calorífico superior. Para todos os efeitos práticos, o que interessa mesmo é o poder calorífico inferior, o número que estamos usando neste livro (veja dados sobre energia química no Cap. 1).

O etanol brasileiro é produzido por fermentação, e os organismos fermentadores não sobrevivem em concentrações acima de 10% por volume. Como você sabe, o álcool é, infelizmente, completamente solúvel em água, o que dificulta a recuperação do etanol e produz um grande volume de efluentes. Assim, o Brasil produz dois tipos de bioetanol: hidratado (com água) e anidro (sem água). O conteúdo energético do etanol hidratado, que contém aproximadamente 6,7% de água por massa, é cerca de 7% menor do que o do etanol anidro, pois o mesmo volume de líquido contém uma quantidade menor de combustível, no caso do etanol hidratado. Entretanto, este é mais barato de produzir, porque nem toda a água de processo precisa ser extraída. Mas, de preferência, não deve ser misturado com a gasolina, pois a água é insolúvel nesse líquido. Como a gasolina C brasileira contém 25% de etanol, trata-se de etanol do tipo anidro.

trata da sobrevivência do organismo, ela é bastante esperta.

Agora vem a parte triste da história: depois que a planta gastou toda essa energia e inteligência para se proteger de um agressor, ela é destruída para ir alimentar algum bicho. A celulose e a hemicelulose, da maneira como ocorrem na parede da célula, não servem de alimento, mas os açúcares que as compõem são uma delícia. Alguns predadores das plantas – certos fungos, cupins e animais herbívoros – evoluíram de forma a poder desconstruir (como dizem os cientistas) a parede da célula e quebrar a celulose e a hemicelulose em seus componentes moleculares, para obter os açúcares que lhes interessam. Tanto cupins como herbívoros dependem de micro-organismos – nem todos conhecidos e bem entendidos – que vivem em seus estômagos e fazem o trabalho pesado de quebrar a celulose e a hemicelulose em seus componentes básicos. Eles funcionam um pouquinho como aquela mãe que esmaga a banana bem esmagadinha para dar de comer ao bebê.

A grande esperança dos biocombustíveis em países que não têm a sorte de poder plantar cana, como tem o Brasil, é o chamado bioetanol de celulose. Porém, mesmo no Brasil, a implantação dessa nova tecnologia contribuiria para aumentar a produtividade e sustentabilidade de nossa indústria.

A ideia do bioetanol de celulose é usar o máximo possível da planta para obter combustíveis líquidos. A cana é um caso à parte, pela facilidade com que uma grande quantidade de açúcares pode ser extraída por um processo mecânico relativamente grosseiro. Contudo, para chegar aos açúcares da celulose e da hemicelulose, é uma outra história. Não basta espremer e esmagar a coitada da cana. É preciso quebrar a estrutura molecular da parede da célula vegetal, e isso é um problema de outra ordem. Precisamos de muita ciência para chegar a tecnologias comerciais de produção de etanol a partir do material celulósico. Vamos ver alguns dos desafios do etanol celulósico.

Qual é a primeira coisa que você faz quando come? Lembre-se do que sua mãe lhe dizia: "Mastigue bem antes de engolir!". O ato de mastigar tem duas finalidades: uma é mecânica e consiste em quebrar o alimento em porções menores, mais facilmente acessíveis para a digestão no estômago e nos intestinos; a outra é química – a saliva contém produtos que ajudam a quebrar a estrutura molecular dos alimentos. No caso do etanol celulósico, temos a mesma coisa, que se chama de pré-tratamento, cuja função física é reduzir a matéria-prima em pedacinhos, e a química é ajudar a retirar a celulose da proteção que a hemicelulose e a lignina lhe oferecem. Lembre-se da imagem do concreto armado. Se você quer chegar ao ferro, você precisa quebrar a marretadas o concreto e depois usar alguma forma química de dissolver o cimento para expor completamente o ferro enterrado dentro dele. Há várias formas de pré-tratamento do material lignocelulósico, mas nós não sabemos qual se adapta melhor à produção barata e eficiente de bioetanol. É um assunto de pesquisa no mundo inteiro.

Depois que o pré-tratamento expôs a celulose e a hemicelulose, é preciso quebrar a sua estrutura molecular para libertar os açúcares que as compõem, processo que os cientistas chamam de hidrólise. A rota mais popular de hidrólise da biomassa, mas não a única, é a hidrólise enzimática. Enzimas são máquinas moleculares cuja função é acelerar reações químicas que, sem sua ajuda, não ocorrem ou ocorrem de forma lenta demais para serem úteis. Em outras palavras, elas são aquilo que os químicos chamam de "catalisadores", isto é, compostos que modificam uma reação química, mas que não são incorporados nos produtos finais. Enzimas são catalisadores orgânicos, pois são produzidas por seres vivos, e elas recebem um nome que descreve sua função. Por exemplo, as que quebram a celulose são chamadas de "celulases"; as que quebram a hemicelulose, "hemicelulases"; as que quebram a lignina, "lignases". OK, você já aprendeu a regra de dar nomes a enzimas.

O problema é descobrir as enzimas mais adequadas para cada tipo de matéria-prima, e fabricá-las a um custo razoável e em grandes quantidades. As enzimas desenvolvidas para o milho provavelmente não funcionarão muito bem com o bagaço de cana. Quem detiver o segredo das enzimas terá a chave para o etanol celulósico comercial. Há um grande esforço no mundo e no Brasil para resolver o problema. Se você gosta de (micro)biologia, genética e química, esse é um belo problema.

Uma vez disponibilizados os açúcares, diretamente, como no caso do caldo da cana, ou indiretamente, como no caso da hidrólise, ainda é preciso chegar ao bioetanol. A maneira comum é por meio da fermentação dos açúcares, usando leveduras ou bactérias especialmente adaptadas para esse processo. É a rota mais antiga para a produção de etanol.

A equação química da fermentação da glicose em etanol é:

$$C_6H_{12}O_6 \rightarrow 2\ C_2H_5OH + 2\ CO_2$$

Cada molécula de glicose é convertida em duas moléculas de etanol e duas moléculas de gás carbônico. Um mol de glicose completamente fermentado produz um mol de etanol e um de dióxido de carbono. Em termos de massa, 100 g de glicose produzem 51 g de etanol. O restante da massa é de dióxido de carbono. Por isso, a eficiência teórica de conversão de glicose em etanol é de 51%. Uma das limitações do processo de fermentação para a produção de biocombustíveis é que as leveduras não sobrevivem em um meio com concentrações de etanol muito acima de 10%. (Ninguém aguenta viver no meio do próprio xixi, não é? Exceto, naturalmente, os seres humanos, que não têm o menor problema em poluir o mundo em que vivem, de jogar lixo pelas ruas e calçadas, até encher a atmosfera de CO_2. Chegará o momento em que, como as leveduras, as pessoas vão começar a morrer afogadas na própria sujeira.)

Das leveduras que produzem o etanol por fermentação, a mais comum é o *Sacharomyces cerevisiae*, uma espécie "domesticada" pelo ser humano há milênios, o mesmo fungo empregado como fermento para a produção de pão. Nesse caso, o que interessa é o gás carbônico gerado, que expande a massa do pão uniformemente, tornando-a mais leve. O etanol produzido evapora no forno.

O bioetanol é, então, energia solar líquida, e os processos que empregamos para sua produção são antiquíssimos. A fermentação por leveduras é usada há milênios para produzir pão, vinho e cerveja. O desafio, agora, é transformar essa tecnologia milenar em uma tecnologia moderna, mais eficiente, mais barata, e menos agressiva ao meio ambiente. Essa transformação inclui o completo aproveitamento da biomassa, por exemplo, por meio da hidrólise enzimática do bagaço da cana. É o caminho que vai nos levar de volta à energia solar, mas com processos mais ricos em conhecimento.

Essa área da pesquisa em energia oferece muitas alternativas de carreira para jovens cientistas, não importa se atraídos pela Física, Química, Biologia, Engenharia ou Informática. Entender como é possível produzir economicamente o bioetanol celulósico, e de uma forma ambientalmente sustentável, é um grande desafio científico e tecnológico, que vai desde a pesquisa mais fundamental sobre expressão e regulação genética até novas formas de plantio e colheita sustentáveis, passando por todos os processos físicos, químicos e biológicos envolvidos no processamento da cana. Junte-se a esses cientistas e engenheiros e dê sua contribuição para resolver o problema da energia no mundo, uma área em que o Brasil é líder e pode continuar a liderar.

5.4 Combustíveis e alimentos

Finalmente, vamos discutir um pouco um assunto que preocupa a todos nós: a competição entre biocombustíveis e alimentos.

Os organismos vivos são divididos em duas grandes classes: os autótrofos e os heterótrofos. As plantas são capazes de, por meio da conversão direta de energia solar, gerar as moléculas de que precisam para viver, e são organismos autótrofos (que se alimentam por si sós). Os demais organismos dependem dos autótrofos para obter a energia e as moléculas essenciais para viver e se reproduzir. Os seres humanos, como todos os animais, são organismos heterótrofos.

A civilização industrial criou várias espécies importantes de "organismos" artificiais heterótrofos – os motores e máquinas –, que asseguram nosso conforto e sobrevivência e, também, com infeliz frequência, a nossa morte. Do ponto de vista energético, um barco a vela é um "autótrofo", pois retira sua energia diretamente do vento, sem precisar de nenhum outro intermediário. Um barco a motor é um "heterótrofo", pois depende de alguma forma de combustível para se movimentar. A maior parte dos heterótrofos artificiais consome combustíveis fósseis. Assim como as leveduras comem glicose e geram um produto tóxico para elas mesmas e outras espécies – o etanol –, as máquinas queimam combustível fóssil e geram um poluente "tóxico" para a espécie humana e muitas outras espécies: o dióxido de carbono, principal responsável pelo efeito estufa e pelas mudanças climáticas globais.

O ideal seria ter apenas máquinas "autotróficas", como o barco a vela, ou células solares para produzir eletricidade. No momento, porém, isso não é possível, pois a tecnologia não existe ou é cara demais para a maior parte da população humana. Assim, por um bom tempo ainda, a humanidade vai ter de conviver com espécies heterotróficas artificiais, que consomem vinte vezes mais energia do que todos os seres humanos do planeta. As máquinas são boas, mas podem terminar aniquilando seus criadores.

Uma maneira de aliviar a pressão ecológica dessas espécies artificiais é passar a alimentá-las não com carbono fossilizado, extraído da atmosfera pelas plantas há centenas de milhões de anos, mas com carbono recém-extraído da atmosfera, isto é, por biocombustíveis, via fotossíntese. Muitos organismos naturais, ou seja, nós e nossos rebanhos de animais para a produção de leite e carne, precisamos desse carbono fresquinho também. Estabelece-se, assim, uma competição pela mesma fonte de carbono (ou seja, energia) entre máquinas (biocombustíveis) e seres humanos e seus animais domésticos (alimentos e rações). Isso implica a possibilidade de o crescimento da produção de biocombustíveis reduzir a oferta de alimento e ração animal, um problema sério, que precisa ser estudado com cuidado.

Vamos ver a situação do Brasil, cuja área total é de 850 milhões de hectares (8,5 milhões de km^2). A Organização das Nações Unidas para Agricultura e Alimentação (FAO) admite que existem no Brasil cerca de 300 MHa de terras cultiváveis sem maiores restrições. Cerca de 20% dessa área é cultivada atualmente, e menos de 3% dedicada à cana-de-açúcar. Um estudo recente do Ministério da Ciência e Tecnologia concluiu que existem no Brasil cerca de 80 MHa, ainda disponíveis sob a forma de terras não cultivadas ou degradadas, onde se poderia plantar cana, sem tocar na Amazônia, no Pantanal, na Mata Atlântica e nas reservas indígenas. Se apenas 25% dessa área fossem utilizados para plantar cana (menos do que a área atualmente usada para cultivar soja!), exclusivamente para bioetanol, com as produtividades atuais, o Brasil poderia produzir adicionalmente mais de 140 milhões de m^3 de bioetanol. Com os aumentos possíveis de produtividade, decorrentes de novas técnicas de plantio e de conversão de biomassa, esse número pode chegar a 200 milhões de m^3!

A Tab. 5.4 mostra que, no Brasil, a cultura da cana em 2003 ocupava o terceiro lugar em ocupação de terras, bem atrás da soja e do milho, e continua até hoje. No mundo, a cana ocupa um distante quinto lugar em relação ao cultivo de grãos (Tab. 5.5).

Duzentos milhões de m^3 de bioetanol seriam o suficiente para substituir cerca de 5% da gasolina consumida no mundo e levariam a uma redução importante de emissões de CO_2 pelo setor de transportes: 280 milhões de toneladas equivalentes de CO_2 ou 76 milhões de toneladas equivalentes de carbono. Isso representa cerca de 3% do total de emissões provocadas pelo consumo de petróleo. Lembre-se de que nem todo o petróleo é usado para produzir gasolina; por isso, mesmo deslocando 5% do consumo de gasolina, o bioetanol não consegue uma redução equivalente das emissões de todo o petróleo.

O importante é que, com menos de 10% da sua área total cultivável, o Brasil

Tab. 5.4 Área ocupada e produção de culturas no Brasil, em 2003

Cultura	Área cultivada (10⁶ ha)	Produção (10⁶ t)
Soja	21,5	49,5
Milho	12,3	41,8
Cana-de-açúcar	5,6	416,3
Feijão	4,0	3,0
Arroz	3,7	13,3
Trigo	2,8	5,7
Café	2,4	2,5
Outros	5,7	—
Total	58,0	—

Fonte: <www.ibge.gov.br>.

Tab. 5.5 Áreas de culturas no mundo, em 2003

Cultura	Área cultivada (10⁶ ha)
Cana-de-açúcar	20,1
Trigo	207,5
Arroz	153,0
Milho	144,8
Soja	91,6

Notas:
Arroz: 42,5 Mha na Índia e 29,4 Mha na China
Trigo: 27,3 Mha na Índia e 21,7 Mha na China
Milho: 29,7 Mha nos EUA e 25,6 Mha na China

Fonte: <www.fao.org/>.

conseguiria produzir duas centenas de milhões de m³ de biocombustível, sem que haja, verdadeiramente, uma competição entre biocombustíveis e alimentos. E no resto do mundo? Certamente, poucos países dispõem das mesmas condições favoráveis do Brasil. Uma solução é conseguir resolver as dificuldades tecnológicas para produzir etanol celulósico. Nesse caso, muitas plantas não comestíveis poderiam ser utilizadas, como gramas e resíduos agrícolas e florestais, sem impactar as áreas necessárias para a produção de alimentos e rações animais. Se isso vai ser possível, apenas o tempo dirá.

De qualquer modo, dificilmente biocombustíveis – não apenas bioetanol, mas também biodiesel e biocombustível para aviação – conseguirão dar conta do recado, mesmo que sua produção cresça significativamente. Em algum momento do futuro, é quase certo que teremos de abandonar o automóvel tal qual o conhecemos hoje, especialmente nas grandes cidades, não apenas por causa do problema de combustíveis, mas também para termos um uso mais racional do espaço urbano. Afinal, em muitos momentos do dia, já se anda mais depressa a pé do que de automóvel em nossas cidades. Qual a justificativa para o automóvel?

Os dados disponíveis da produção de alimentos no mundo indicam que ela é mais do que adequada para atender às necessidades humanas. Uma maneira simplificada é olhar a produção de energia pelo setor agrícola.

A Fig. 5.8 apresenta duas curvas importantes: uma representa a área plantada no mundo e a outra, a produção energética equivalente das colheitas, em MJ por dia/por habitante, entre 1900 e 2000. Nesse período de 100 anos, a área plantada cresceu cerca de 40%, passando de pouco mais de um bilhão para cerca de 1,5 bilhão de hectares, e a produção agrícola *per capita* quase dobrou. Em 1900, a produção agrícola mundial, em termos energéticos *per capita*, era um pouco superior às necessidades energéticas diárias de um ser humano (cerca de 8 MJ). Em 2000, esse número era mais do que o dobro. Assim, se em 1900 a produção agrícola mundial

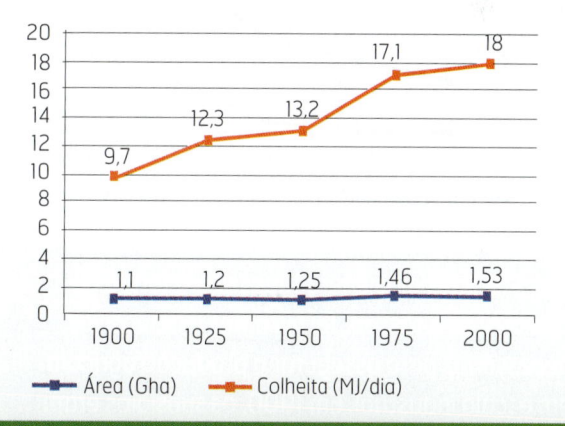

Fig. 5.8 Área (em bilhões de hectares) e colheita (em megajoules por dia/por habitante) no mundo, entre 1900 e 2000
Fonte: dados coletados pelo Prof. V. Smil.

mal dava para alimentar a humanidade, em 2000 havia alimentos sobrando.

Esses progressos aconteceram à custa de um aumento do custo energético dos alimentos, medido pelo número de unidades de energia fóssil necessárias para produzir uma unidade de energia de alimentos, como podemos ver na Fig. 5.9. Em 1900, a agricultura produzia 5,5 GJ/ha para 0,1 GJ/ha de insumos fósseis; em 2000, ela produzia 26,1 GJ/ha (um aumento de 4,8 vezes) para 8,4 GJ/ha de insumos fósseis (um aumento de 84 vezes!). Hoje, a alimentação do mundo depende muito da energia fóssil, uma das razões da alta do preço dos alimentos quando o preço do petróleo sobe. Outra razão é que os alimentos viajam o mundo entre o ponto de produção (soja do Centro-Oeste brasileiro) e o ponto de consumo (por exemplo, China). Isso também custa energia fóssil.

O verdadeiro dilema dos alimentos está na pobreza, na corrupção e nas guerras infindáveis pelo mundo afora, especialmente no Oriente Médio, na África e na Ásia, que impedem o acesso da população às necessidades básicas, inclusive alimentação.

No Brasil, não é a falta de recursos, é a péssima distribuição que impede os brasileiros de se alimentarem adequadamente. É a herança de um país escravagista que apenas recentemente começou a enfrentar seu passado. Esses problemas, infelizmente, não se resolvem apenas com tecnologia e nem com rapidez. A controvérsia entre alimentos e biocombustíveis vai continuar, mas antes de acreditar no que você lê nos jornais e vê na televisão, informe-se um pouco melhor por conta própria. E, quando dizemos "por conta própria", é isto mesmo: pense no problema, busque dados confiáveis e faça as contas você mesmo!

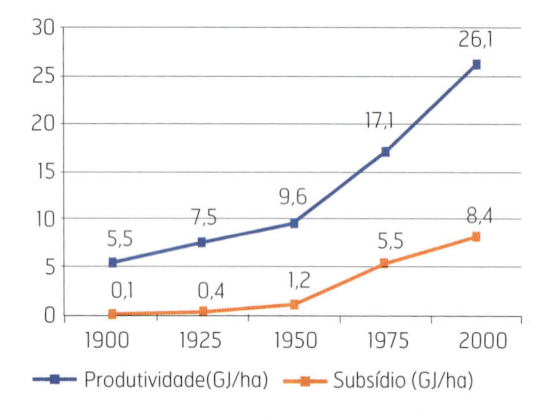

Fig. 5.9 Subsídios energéticos sob a forma de combustíveis fósseis, fertilizantes e defensivos, necessários para assegurar a produção agrícola em escala industrial. Em 1900, os subsídios eram ínfimos, menos de 2% da produção agrícola; em 2000 correspondiam a 32% do total. Ou seja, 1/3 da energia dos alimentos agrícolas, em 2000, era, por assim dizer, proveniente de combustíveis fósseis
Fonte: dados coletados pelo Prof. V. Smil.

ACORDANDO DO PESADELO

Tão misteriosamente quanto havia sumido, a energia voltou à vida de João. A cidade em torno dele parecia um campo de batalha, como nas imagens que você vê, com uma frequência assustadora, em filmes ou no noticiário de televisão. Mas, aos poucos, a vida foi retornando ao normal. Primeiro, o abastecimento de água e eletricidade. Depois, os alimentos voltaram aos supermercados, o gás aos fogões, os combustíveis aos postos. Finalmente, o barulho infernal de máquinas e os congestionamentos se reinstalaram como parte da vida cotidiana de uma grande cidade. E João... acordou.

Ele, porém, aprendeu uma lição com seu pesadelo: era preciso, urgentemente, entender melhor a questão da energia. E lá foi ele de volta para a escola, decidido a ser um cientista e trabalhar nos desafios da energia.

Você pode fazer o mesmo, mas sem passar pelo trauma de João.

A principal mensagem deste livro está contida na Fig. 1.1. Ela nos informa quanto o mundo deveria produzir de potência, sem emissão de carbono, para evitar um aumento catastrófico da concentração de CO_2 na atmosfera, com os consequentes riscos para o clima. Essa potência é medida em vários terawatts, isto é, vários trilhões de watts.

O que mostramos para você é que 1 TW é uma potência muito grande, e que dificilmente uma única alternativa energética será capaz de suprir toda a necessidade de energia do mundo.

É impossível dizer como será o mundo no final deste século. Do mesmo modo, se alguém tentasse imaginar, em 1909, como seria o mundo em 2000, não teria sequer chegado perto da realidade. Portanto, não vamos fazer esse exercício. A sua imaginação é tão boa quanto a do autor, mas uma coisa sabemos: não será possível repetir, ao longo do século XXI, a trajetória energética baseada em energias fósseis que caracterizou o século XX.

A era dos combustíveis fósseis deveria estar próxima do fim, não porque os combustíveis estejam se exaurindo, mas porque seu uso contínuo coloca em risco a sobrevivência da nossa civilização. Os governos e as grandes companhias petrolíferas, como o governo do Brasil e a Petrobras, continuarão a procurar por petróleo porque, por muito tempo ainda, os combustíveis fósseis serão uma necessidade. Pelos números que você viu neste livro, é quase impossível eliminar a dependência de energias fósseis nas próximas décadas. Talvez apenas catástrofes em escala mundial, provocadas por mudanças climáticas, façam governos e indústrias investirem em outras alternativas, pois parece que apenas esses eventos são capazes de fazer nossos líderes políticos agirem.

Se não investirmos seriamente, desde já, na busca de fontes primárias de energia que não emitam gases de efeito estufa, caminhamos, com grande probabilidade, para uma catástrofe em escala mundial.

A grande fonte de energia primária limpa que temos garantida por muito tempo é a do Sol, mas a pesquisa e o desenvolvimento de formas econômicas e ambientalmente sustentáveis de aproveitá-la vão demandar muito esforço para criar conhecimento novo. São os jovens cientistas e engenheiros de amanhã, isto é, jovens como você, que terão de resolver o problema.

Boa sorte e um excelente futuro!

Uma carreira sem tédio

Sou brasileiro de Ijuí (RS) e físico formado pela Universidade Federal do Rio Grande do Sul. Nasci numa época tão antiga, que nem televisão havia. Mas já havia a bomba atômica! O Sputnik, primeiro satélite artificial, subiu quando eu tinha 12 anos – inspiração para, com pólvora comprada no armazém da cidadezinha onde cresci, fazer foguetes. Poucos subiam, mas, ao menos, todos faziam barulho. E endoidavam a vizinhança. Minha mãe era professora, meu pai era médico, mas minha inclinação não era para cuidar de doentes. Como todo adolescente que tinha propensão às exatas, cursei o ensino médio, chamado na época de "Científico", cuja grade curricular enfatizava disciplinas como Física, Química e Matemática. Uma das minhas opções era fazer o vestibular para o Instituto Tecnológico de Aeronáutica (ITA), mas engenharia não me interessava muito... Como sempre na vida, o acaso é muito importante. Um professor de Física do "Científico", jovem e muito entusiasmado – Anildo Bristoti –, era ligado ao Instituto de Física da UFRGS.

Justamente naquele início dos anos 1960, tornou-se prioridade nacional para os Estados Unidos reformular o ensino de Física, a fim de despertar novos talentos, em parte por causa da competição com os russos pela "conquista do espaço". Grandes cientistas criaram o PSSC, Physical Science Study Committee, que produziu um novo currículo de Física para estudantes da escola secundária. Esse projeto, que trazia propostas didáticas inovadoras, chegou ao Brasil na época em que eu cursava o "Científico". O Anildo oferecia esse curso fora do horário regular de aulas, na garagem de uma casa particular, para quem se interessasse. Lá fui eu, brincar com tanques de água, pêndulos e lentes. No último ano do "Científico", ele ofereceu na Universidade um curso de Introdução à Mecânica Quântica e me convidou para assistir. Não tinha a menor ideia do que estava acontecendo, mas serviu para me acostumar com equações diferenciais e com os conceitos muito diferentes da mecânica do átomo.

Acabei prestando o vestibular para Física no final de 1964. Ainda não sabia que rumo tomaria minha vida profissional. Terminei a graduação em 1967, mas não havia pós-graduação formal em Porto Alegre. Passei um ano fazendo pesquisa (cheguei até a ser coautor de um trabalho em Eletrodinâmica Quântica!) e dando aulas na Universidade, quando surgiu a oportunidade para fazer um doutorado na Universidade da Califórnia, em Berkeley. Viajar para o exterior, há 40 anos, era bem mais difícil do que hoje em dia. Para um moleque de 22 anos,

"ESTAMOS ORGULHOSOS DO NICO. ACHAMOS QUE QUANDO ELE CRESCER, SERÁ UM BUROCRATA."

aquilo era pura aventura. Pedi uma ajuda a meus pais, juntei economias e fui. Cheguei à Califórnia no final de março de 1969.

Nos Estados Unidos, eu só tinha dinheiro para sobreviver três meses. Estudei como um doido, com uma carga horária que era o dobro daquela de um estudante começando a pós-graduação lá (e contra a recomendação do meu orientador acadêmico). Felizmente, passei muito bem em todos os cursos; por coincidência, dois de Mecânica Quântica (o "velho" Anildo!). Pronto, as portas se abriram: consegui uma vaga de monitor (corrigindo listas de exercícios e respondendo a perguntas dos alunos), com isenção das taxas pesadas que a Universidade cobrava de estudantes estrangeiros. Naquela época, o Brasil não dava muitas bolsas para estudantes fazerem pós-graduação no exterior, mas fiz um pedido ao Conselho Nacional de Desenvolvimento Científico e Tecnológico (CNPq). Como eu já estava fora e meu desempenho tinha sido bom, consegui uma. Porém, eu havia ingressado direto no doutorado, e o CNPq exigia mestrado. *Burrocracia* brasileira... Felizmente, lá fora o pessoal é mais flexível. A Universidade da Califórnia me concedeu um mestrado por eu passar no exame de entrada no doutorado. Aliás, meus dois diplomas da Califórnia são assinados por Ronald Reagan (estrela de filmes B americanos e ex-presidente dos EUA). Não é que sejam falsos, comprados em um estúdio em Hollywood: ele era, na época, o governador do Estado.

Creio que é fundamental, para um cientista, ter uma experiência profissional fora do seu país. Os cientistas no Brasil ainda são muito protegidos! Há aluno que vai do jardim da infância à aposentadoria sem sair da mesma universidade. Faz pós-doutorado com o mesmo orientador do doutorado (e mestrado e iniciação científica), às vezes por sugestão do próprio orientador! Isso não estimula o crescimento profissional, o amadurecimento como pesquisador independente. O bom profissional tem de cortar o cordão umbilical e fazer seu próprio caminho.

Ainda durante o doutorado, estudei um ano na Dinamarca e, lá, conheci minha esposa, Jennifer, uma australiana. Temos dois "meninos": um de 30 anos (Anders, Biologia) e outro (Per, Ciência da Computação) de 26. Nas estadias mais prolongadas que fiz como pesquisador fora do Brasil, quando eles eram crianças, íamos todos juntos.

Ao retornar ao Brasil, passei um período ainda em Porto Alegre, mas depois fui para a Universidade Estadual de Campinas, em 1974, onde fiz a maior parte da minha carreira. Em 2001, tornei-me "Professor Emérito" da Unicamp. Lembro-me de que, quando me perguntaram se aceitaria a homenagem, disse que sim, se pudesse dar uma aula. Escolhi como tema a Nanotecnologia. Quando dei essa aula, no início de 2002, pouca gente tinha ouvido falar no assunto. Hoje, a Nanotecnologia está em toda parte. Durante 2002, ajudei o Ministério da Ciência e Tecnologia a começar a formular uma política de desenvolvimento da Nanotecnologia para o Brasil.

Em 2004, aceitei um convite para dirigir a Secretaria de Políticas e Programas de Pesquisa e Desenvolvimento do Ministério da Ciência e Tecnologia. Fiquei apenas um ano e meio no cargo. Foi uma grande experiência profissional, mas saí porque não me sentia bem na função. Um cargo em Brasília tem muita atividade de representação. Almoços, discursos, reuniões, exposição pública. Sou uma pessoa reservada; não gosto dessas coisas. Fui secretário por um tempo curto, mas aprendi muito: Biotecnologia, Biodiversidade, Mudanças Climáticas, Antártica, Oceanos, Nanotecnologia, Amazônia eram alguns dos temas de ciência sob a responsabilidade da Secretaria. Em 2005, quando o Ministro Eduardo Campos, que me havia convidado, saiu do Ministério, optei por voltar para São Paulo para dirigir um instituto privado de pesquisa, onde fiquei até 2007.

Acho que minha carreira, entre universidade, governo e institutos de pesquisa, inclusive um privado, mostra que há muito trabalho que pode ser feito por um físico. Hoje em dia, além do mais, há oportunidades para jovens empreendedores que desejam transformar seu conhecimento em produtos e serviços no mercado. Estão surgindo inúmeras novas empresas a partir dessas novas ideias de jovens talentosos. É uma mudança muito positiva para o Brasil. É assim que nossa economia vai crescer, gerar empregos e tornar-se competitiva internacionalmente, assegurando o desenvolvimento do País.

Seja em que área for, a Ciência é uma das carreiras mais interessantes que se pode seguir na vida. Sempre existe uma coisa diferente para fazer. Cada problema bem resolvido faz surgir outros problemas igualmente fascinantes. Veja o tema deste livro: Energia. É uma questão central para a sobrevivência de nossa civilização. Envolve Física, Química, Meio Ambiente, Computação, Engenharia, Economia e tantos outros temas. O bonito da carreira científica é que o trabalho não entedia. Cada dia é uma novidade – ou no seu trabalho ou no trabalho dos outros. Sobretudo hoje em dia, quando a Ciência e a Tecnologia se tornam cada vez mais multi e interdisciplinares. E o contato com os jovens que vão ingressando na pesquisa é renovador. Impede nosso cérebro de esclerosar antes do tempo. A carreira de Ciência e Tecnologia é a única que conheço na qual você pode enriquecer constantemente (intelectualmente, claro!). Você não cansa do que faz. Por isso, é raro ver um bom cientista realmente aposentado...

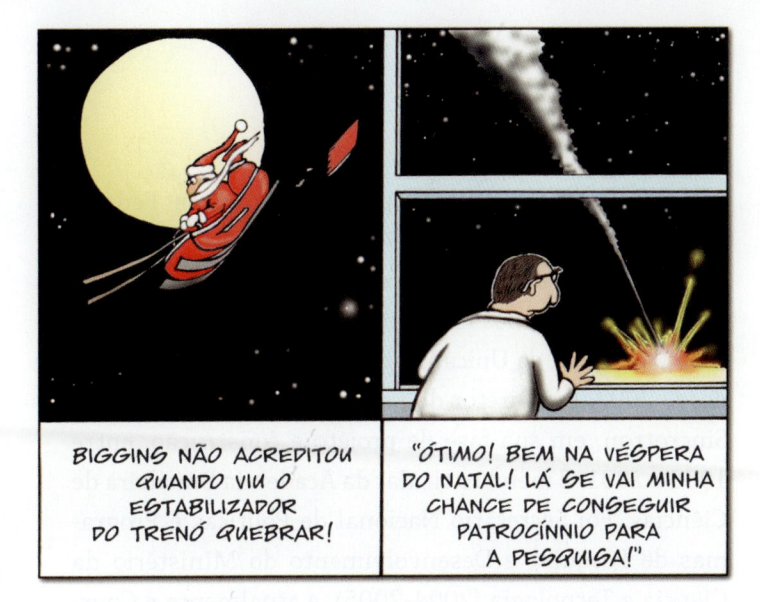

O autor graduou-se pela Universidade Federal do Rio Grande do Sul (1967) e doutorou-se em Física pela Universidade da Califórnia, em Berkeley (1972). Durante muitos anos foi professor no Instituto de Física Gleb Wataghin, da Unicamp, da qual é Professor Emérito desde 2002. Foi Diretor do Laboratório Nacional de Luz Síncrotron, em sua fase de projeto e construção, entre 1986 e 2001. É membro titular da Academia Brasileira de Ciências. Foi Secretário Nacional de Políticas e Programas de Pesquisa e Desenvolvimento do Ministério da Ciência e Tecnologia (2004-2005), e atualmente é Coordenador Adjunto de Programas de Cooperação Internacional e Energia da Fundação de Amparo à Pesquisa do Estado de São Paulo.

Ele escreveu este livro por estar convencido de que o maior desafio técnico-científico e de desenvolvimento econômico e social da humanidade no século XXI é o adequado suprimento de energias de fontes renováveis. Sem elas, a capacidade do meio ambiente de suportar a população humana em um nível aceitável de qualidade de vida se esgotará muito rapidamente. Esse desafio somente poderá ser vencido com um grande esforço de pesquisa, desenvolvimento e inovação. Vale dizê-lo: apenas se for possível atrair para a área de energia jovens cientistas e engenheiros criativos e altamente qualificados, que queiram ter uma vida profissional atuando na fronteira do conhecimento e, acima de tudo, dar sua contribuição para deixar o mundo melhor do que o encontraram.

Ele mora em São Paulo com a esposa, à qual ele vem prometendo há muito tempo dedicar um livro. Finalmente... é este!